你要世俗地活着，才有不俗的未来。
不要抵触世俗，世俗就是你磨砺自己的道场，
你的一切都要在世俗之中去成就，
走进世俗，适应世俗，
你才能在未来闪耀绽放。

即使你是一匹千里马，
遇到伯乐才能梦想成真。
如果你希望自己的才华有用武之地，
那么就要有意识地寻找自己的伯乐。
不管你有多少才华，
如果缺少伯乐的赏识，
也很难有成功之日。

前言

PREFACE

刚走出校门的年轻人，难免有些理想主义，怀抱着梦想，憧憬着未来，有着不肯与世俗妥协的清高，平日里他们锋芒毕露；职场中他们看不起基层的工作；交际中他们高谈阔论……然而，这些年轻人常常处处碰壁，甚至被撞得头破血流，不但成就不了任何事业，甚至连容身之所都没有。有梦想固然不错，但是不管梦想多么完美，一旦碰到了现实生活，必须适度地妥协，否则，到最后往往会一事无成。

对绝大多数年轻人而言，缺少的并不是各种人生的梦想，而是帮助自己应付这个世界的各种手段，缺乏做事的方法和技巧，所以终究还是成就不了梦想。这是一个竞争的时代，也是一个放飞梦想的时代，优胜劣汰，适者生存。如果你一心只读圣贤书，两耳不闻窗外事，那么你只不过徒有满腹经纶而无所用；如果你不懂应变之道，那么你也只能处处碰壁；如果你只知争强好胜，不懂屈伸进退，那么你也只能赔了夫人又折兵；如果你总是心直口快，不加掩饰，不知用晦于明、藏巧于拙，那么你也只能聪明反被聪明误，搬起石头砸自己的脚。凡此种种，都是不善于处世的表现。不会处世，痛失良机的是你，四处碰壁的是你，功亏一篑的是你，扼腕叹惜的也是你。

俗话说：直木遭伐，水满则溢；地低成海，人低成王。现实生活中常常有这样一些人，他们很有能力，也不乏干劲，但为人傲气十足，处处把头抬得很高，不屑于屈就现实生活中的一些低矮“门槛”，这些人最终只能以失败收场。你要世俗地活着，才有不俗的未来。不要抵触世俗，世俗就是你磨砺自己的道场，你的一切都要在世俗之中去成就，走进世俗，适应世俗，你才能在未来闪耀绽放。今天低头学会世俗的规则，明天昂首活出不俗的自己。

本书从年轻人最关心的人际关系、职场、金钱、恋爱、婚姻等人生问题入手，开启年轻人与这个世界的和解之门，帮助他们转变认识，不再一味抵触世俗，盲目追梦，而是渐渐学会把世俗规则当作自我实现的阶梯，在复杂多变的社会环境中，把握做人的准则，衡量处世的分寸，学会退让，懂得妥协，在人生的舞台上走好每一步，扮好每一个角色，尽快获得事业的成功，找到人生的幸福。

目录

CONTENTS

第一章 你要世俗地活着，才有不俗的未来

第二章　你从来不缺梦想，缺的是应付这个世界的手段

第三章　即使你是一匹千里马，遇到伯乐才能梦想成真

第五章 今天低头当“老二”，明天抬头做“老大”

第六章　职场会做事，也要会来事

第七章　恋爱不仅要情怀，还要使点“坏”

第 一 章

你要世俗地活着，才有不俗的未来

不要跟这个世界格格不入

有一位网民慨然撰文哀叹：“我是一个传统意识非常强的人，虽然年轻，但是总感到自己和现在的经济社会格格不入。我向往古人的那种侠义豪爽和忠肝义胆，但在现代人身上早已找不到这些优秀的品质了，反而充满了虚伪和欺骗，充满了铜臭味。我觉得即使是孔子再生也无法适应现代社会，何况我呢？”

其实，无论我们生活在哪个年代，都难免对这个世界存在“水土不服”的问题。因为这个世界毕竟不是按照我们的要求设计的，难免存在这样或那样不尽如人意的地方。如何缩短现实与我们自身愿望之间的距离呢？大文豪萧伯纳说：“明智的人使自己适应世界，而不明智的人只会坚持让世界适应自己。”

地球是不会随着我们的指挥棒转动的，坚持要世界适应自己，无非发发毫无价值的牢骚、喝几瓶闷酒，或者做几件荒唐事而已。这对改善我们的精神状态和生活质量没有任何好处。

要想改变与社会格格不入的状态，唯一的办法是主动去适应社会。如何适应？方法有以下几点。

1.主动学习以适应时代的发展

一个人对社会不适应，不是因为这个社会很难适应，而是自身缺乏适应能力。要解决这个问题，只有努力提升自身素质，一味抱怨社会是没有用的。比如，许多中年人留恋过去，对当今社会大环境很反感，觉得现在是年轻人的天地，很难在生活水平、经济条件和发展机遇上超过他们，于是有一种被社会抛弃的感觉，愤愤不平。其实，他们的问题在于知识和技能比较落伍，而学习是唯一的改进之道。

2.踏实干好本职工作

许多大学生由于刚刚毕业，对企业的管理、专业技术知识不很熟悉，这就需要从一点一滴做起，放下架子甘当小学生，向工人师傅学习，向技术人员学习。只有踏实地工作，培养自己的务实工作作风，打下坚实的基础，才能为自己的成长创造更为有利的条件。有些人认为：企业给我多少钱，我就干多少活。表面上看，这是一种等价交换。实际上，持有这种观念的人，不仅仅工作难以有所成就，更重要的是错失了锻炼的机会，使自己的潜力在岁月蹉跎中消耗殆尽。刚毕业的大学生正值人生最宝贵的时期，应集中精力去干好工作，少讲索取，多讲奉献，丰富和完善自身，相信一定会创造出一片艳阳天。

3. 能够学以致用

不是所有的大学毕业生都能将自己学校里学到的东西发挥在自己以后的工作中。能够学以致用必须符合几个条件：首先是工作本身与学业对口，其次是自己善于用学到的理论知识指导自己的实际工作，再次是肯钻研工作——学校学的和实际工作中遇到的基本上不是一回事，必须有从头学起的精神和思想准备。

4. 工作积极主动

其实“主动”也是一种需要“见风使舵”、“察言观色”的技能。部门工作很多，如果每样都要领导交办了才做，就如我们常说的算盘珠子拨一拨动一动，这样的人一般领导不会喜欢，而拨了还

不动的，基本上就一点儿希望也没有了。很多刚踏上工作岗位的大学生有顾虑，主要在于一是生怕别人说自己爱出风头，二是怕领导怀疑自己“抢班夺权”，三是有多一事不如少一事、得过且过的想法。

少一分书生意气，多一分入世心态

北宋大文豪苏东坡曾自嘲“一肚子不合时宜”，意即自己的书生气太重。所谓书生气，就是指一个人过于认真，再带一点点天真。由于儒家的入世思想在我国根深蒂固，讲究经世致用、八面玲珑，书生气不合时宜似乎是几千年来的定论。

一定程度上，有书生气的人都是性情中人，他们不会装腔作势、装模作样，只做自己感兴趣的事。他们对兴趣的偏好没有太多的目的性，有感而发，倾情而动，全凭兴致，不顾后果。

书生气在表现形式上有多种多样，具体表现有不入流、迂腐不化、固执己见、不懂世故、虚多实少等，有的还被时下讥为书呆子、傻子。其实，有书生气并不完全是坏事，我们每个人刚刚踏入社会的时候，都多多少少会有一些书生气，是社会这个巨大的砂轮磨平了我们的棱角，使我们不得不在现实面前学会改变自己。一般来说，有书生气的人都是理想主义者，当现实无法实现自己的愿望时，他们大都会借助理想去表达自己的感怀，一展自己的抱负，他们不希望自己在现实面前完全被吞没。但书生气又不宜太过，过了，就会与现实发生碰撞，如果处理不好这一矛盾，就可能被撞得头破血流。

如果在校园中，你的书生意气重些关系不大，不会对你的学业造成影响。但进入社会后，就要想办法让自己成熟起来，要是还保持书生意气，不能尽快入世，势必对自己的发展不利。那么，怎样才能让自己成为一个成熟的人呢？

1. 不斤斤计较

成熟的人不斤斤计较，不贪图小便宜，不在乎吃点小亏，不喋喋不休地抱怨这抱怨那。他们的眼光从不被琐碎事务绊住，对于人与人之间的小矛盾，他们经常是大事化小、小事化了。

2. 重视诺言

成熟的人绝对不会出尔反尔，他对自己的每个承诺都相当重视，在许诺之前考虑周全，自己的话是否真能兑现，不能兑现的话他决不说，言出必践。他的每一句话都让你觉得放心、可信任。满嘴跑火车、乱放空炮、迟迟没有行动的人，与成熟不沾边。

3. 不夸夸其谈

成熟的人从不随随便便高谈阔论，他会保持适当的沉默，说话声音清晰但不乱嚷。随便喝点酒就把自己的小经历、小故事拿来满桌子大讲，不用喇叭满屋人就都能听见的人，最多博听众一笑，谁也不会把他那五花八门的所谓“奋斗之路”放在心里。

4. 有才华却不张扬

一个年轻人要想尽快成熟，就需要养成多读书的习惯，用知识来填充自己的头脑。有时间要多看书，做一个有修养的人，而不是把时间浪费在滑稽怪诞的事情上。成熟的人会不断地丰富自己的内涵。但他们不张扬，他们的才华只在必需的时候才展现出来，绝不会为了满足虚荣心去刻意卖弄。他们如醇厚的酒，越品越有味道。

5. 宽容待人

一般说来，当一个社会形成了一种宽容的气氛时，就会变得充满生机。在这样一个竞争日益激烈的社会中，最要紧的是宽容，是用善心待人，原谅别人偶然的过失，即使是犯有大错的人，也要温和地规劝，给其改正的机会。

6. 懂得换位思考

有一句名言说，如果我们只站在自己的角度看问题，那么我们永远不知道别人在想什么。这个世界上，有很多问题，站在自己的角度去思考可能永远不能了解或解决，而换个角度去思考就会有一个全新的答案。

所以，我们在说话办事时，不妨选择一个好的角度。有一个好的角度，就有了成功的一半；但若选择了一个坏的角度，就会得到失败。

适者生存，做人要随时调整自己

做人如果不能适时地变通，那么有一天你就会被环境和时代所抛弃。这个世界上永远没有一成不变的东西，只有适时调整自己的人生方向，调整自己的前进方略，才能领略到人生的精彩。生活中，很多时候都需要我们去适应环境，而不是让环境适应自己。如果总是固执地和变化的环境相抵抗，到最后吃苦头的还是自己。

社会心理学教授在讲台上告诉他的学生们："奋斗通常是指一种强硬的人生态度，主张不屈不挠，勇往直前。但事实上，人对社会乃至整个自然界而言，是极其渺小的。因此，不要因为年轻的激情而被'奋斗'这个词误导。"

学生们很惊奇，这样的话竟然由敬爱的导师讲出来，活像某个小品中的场景。教授显然看懂了台下的情绪，笑呵呵地说："在我看来，奋斗包含两个层面——积极斗争和消极适应。请大家随我走一趟。"

数十号人来到教授家门前的草坪上，教授指着一棵老槐树说："这里有一窝蚂蚁，与我相伴多年。"学生们凑上前观看：树缝里有小洞，小蚂蚁们东奔西跑，进进出出，很是热闹。教授说：“近来，我常常想办法堵截它们，但未能取胜。”学生们发现，树周围的缝隙、小洞大多被泥巴、木楔给封住了。

“可它们总是能从别处找到出路。”教授说，“我甚至动用樟脑丸、胶水，但是，它们都成功地躲过了劫难。有一段时间，我发现它们唯一的进出口在树顶，这是很不方便的；而一周后，我发现它们重新在树腰的空虚处开辟了一个新洞口。”

学生们表示钦佩。教授说：“蚂蚁们的生存环境不比你们广阔，它们的奋斗舞台实在很狭窄，更重要的是，它们深深了解自己的力量。因此，它们没有与我这个‘命运之神’对抗，而是忍让与适应。当它们知道自己无法改变洞口被堵死这一事实时，它们很快地就适应了。而自然界中那些善于拼搏、厮杀的猛兽，如狮子、老虎、熊，目前的生存境况大多岌岌可危，因为它们与蚂蚁相比，似乎不太懂得奋斗的另一层力量——适应。”

教授说：“适应环境本身就是奋斗的组成部分，只有在此基础上开辟战场去对抗，生活才有胜算的光明。”

年轻人就应该懂得适应环境，根据周遭局势的变化来调整自己的心态与规划，即使你是做出了成绩的大功臣，但当身边的环境发生了变化时，如果还沉浸在其中，用自己过去的功劳做筹码，肯定是要被打倒的。做人要聪明，应该懂得世界上没有什么东西是永恒的，外部环境已经发生变化了，自己本身具有的东西也要适当地加以调整。如若非要固执行事，那么，恐怕吃亏的只能是自己。

我们的生存离不开环境，随着环境的变化，我们必须随时调整自己的观念、思想、行动及目标，这是生存必需的。

但是，有时候环境的发展，与我们的事业目标、欲望、兴趣、爱好等发展是不合拍的。环境有时也会阻碍、限制我们欲望和能力的发展。这个时候，如果我们有办法来改变环境，使之适合我们能力和欲望的发展需要是最理想的。

那么，究竟怎样才能很好地适应环境呢？你可以从以下两点做起：

1.把自己置身于客观环境中

从实际出发，正确认识客观环境的现实，不逃避现实也不做无根据的幻想，从而把自己置于这个环境之中，了解它，掌握它并进一步改造它。

2.改变不了环境就改变自己

从主观上要采取积极态度，不是消极等待。在选择对策时应当审时度势，有条件时选择改造环境的条件，无条件时选择改造自身的办法，这样才能既不想入非非，又不自暴自弃，从而找到最佳方案。

不论适应环境，还是改变自己，都要有一个转变和考虑的过程，在这个过程中，往往会有某些困扰。但不管有什么阻碍和困扰，只要你具有积极的心态，就会从环境中得到自由。

既然无法改变，那就去适应

在生活中，我们不能控制所有事情。当那些我们不能掌控的事情发生时，我们应该首先做到承认它的存在，然后才有可能面对它，进一步来改变自己的生活。这是一种积极的人生策略。

一个人嗜酒如命且毒瘾甚深，有好几次差点把命都送了，原来在酒吧里因看不顺眼一位酒保而杀人被判死刑。

这个人有两个儿子，年龄相差一岁。其中一个跟父亲一样有很重的毒瘾，靠偷窃和勒索为生，也因犯了杀人罪而坐牢。另外一个儿子就不一样了，他担任了一家大企业的分公司经理，有美满的婚姻，有三个可爱的孩子，既不喝酒更不吸毒。

为什么同一个父亲，在完全相同的环境下长大，两个人却又有着不同的命运？一次访问中，记者问起造成这种现状的原因，两个人竟是同样的答案："有这样的父亲，我还能有什么办法？"

在生活中，我们总是说有什么样的环境就有什么样的人生。这实在是再荒谬不过了。影响我们人生的绝不仅仅是环境，而是我们对这一切所持有的态度。面对人生逆境或困境时所持的态度，比任何事都来得重要。

美国著名的哲学家威廉·詹姆斯说过："要乐于承认事情就是这样的。"他说："能够接受发生的事实，就能克服随之而来的任何不幸的第一步。"正如杨柳承受风雨、水适于一切容器一样，我们也要承受一切不可逆转的事实。

在一次战争中，玛丽失去了她的侄子，这个她在世上唯一的亲人，悲伤击垮了她。以前，她总觉得上帝待她不薄——她有一份喜欢的工作，她收养的侄子也是一个年轻有为的青年。不想却收到这样的电报。她的整个世界垮了。为什么她钟爱的侄子会死？这么好的孩子，灿烂的前景就在他面前，为什么会被打死？她实在无法接受，她悲伤过度，决定放弃工作，找个地方医治伤痛。

她把桌子收拾干净，准备辞职，突然，她无意中看到一封信，正是侄子写来的，是几年前玛丽的母亲去世时他寄给玛丽的。他在信中说："当然，我们都会怀念她，特别是你，但我知道你会挺过去的。你有自己的人生哲学。我永远不会忘记你教导我做人的真理，无论我在任何地方，我总记得你教我要像个男子汉，微笑迎接到来的命运。"

玛丽又回到桌前，收起愁苦，告诉自己："已经发生了，我不能改变它，但是我可以做到他所期望的。"她把自己完全投入到工作中去。她开始给别的战士们写信。晚上她参加成人教育班，试图找到新的爱好，结交新的朋友。一段时间后，她几乎不敢相信自己的改变，哀伤已经完全离她而去。

人这一生中，肯定会碰到一些令人不快的事情，但是事情既然已经发生了，就无法改变，它们既然不可改变，我们需要做的就是把它当成一种客观存在而去接受，并适应它，否则，它会毁掉我们的生活。

几十年来，莎拉一直是四大洲剧院里独一无二的皇后——全美国观众喜爱的一位女演员。后来，她在71岁那年破产了——所有的钱都没了，而且她的医生、巴黎的伯兹教授告知她必须把腿锯掉。事情是这样的：

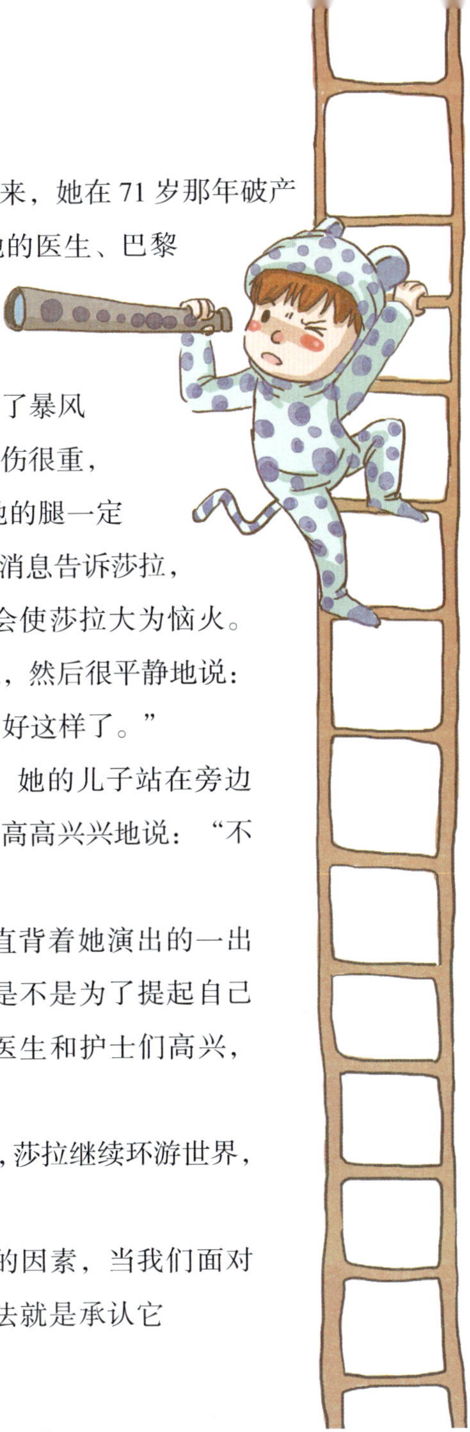

她在横渡大西洋的时候遇上了暴风雨，摔倒在了甲板上，她的腿内伤很重，她还患有了静脉炎，医生诊断她的腿一定要锯掉。这位医生不太敢把这个消息告诉莎拉，他觉得，这个可怕的消息一定会使莎拉大为恼火。可是他错了，莎拉看了他一会儿，然后很平静地说：“如果非这样不可的话，那就只好这样了。”

当她被推进手术室的时候，她的儿子站在旁边伤心地哭泣。她朝他挥了挥手，高高兴兴地说：“不要走开，我马上回来。”

在去手术室的路上，她一直背着她演出的一出戏里的台词。有人问她这么做是不是为了提起自己的精神，她说：“不，是要让医生和护士们高兴，他们受的压力可大得很呢。”

当手术完成，恢复健康之后，莎拉继续环游世界，使她的观众又为她痴迷了七年。

人生之路充满了许多未知的因素，当我们面对无法更改的现实时，明智的做法就是承认它的存在，并作出积极乐观的反应，这才是一种可取的态度。许多年轻人面对不可改变的环境，总是不停地抱怨，这样是解决不了问题的。

不敢面对现实是弱者的行为，它会让你在现实面前越来越乏力，最后被生活所控制，失去自我，也失去了人生的乐趣。承认已经发生的不幸需要勇气，但是只要你做到了，你的人生就会是另外一番景象。

摒弃“怀才不遇”的想法

“怀才不遇”的人大有人在，这种人牢骚满腹，喜欢批评，一副抑郁不得志的样子。和这种人打交道，往往比较累，运气不好的时候，还会被他冷嘲热讽一番。

在自认为“怀才不遇”的人中，有的根本是自我膨胀的庸才，其之所以无法受到重用，是因为他们无能，而不是别人的嫉妒。但他们并没有认识到这个事实，反而认为自己怀才不遇，到处发牢骚、吐苦水。他们并没有什么可骄傲的资本，只是想当然地高看自己一眼；或者用自己的长处跟别人的短处比，永远得不出客观的结论。

但是，也有一种人，真的有才干，但因为无法与客观环境配合，“英雄无用武之地”，但为了生活，又不得不屈就，所以痛苦不堪。

难道有才的人都会这样吗？不是的，虽然有时千里马无缘见伯乐，但他们遭遇坎坷的原因主要是自己造成的。因为这种人常自视过高，看不起能力、学历比他低的人。可是社会上的事很复杂，并不是你有才就可得其所用。

不管有才或无才，经常抱怨“怀才不遇”的人，是让人无法欣赏的。因为你若一听他谈话，他就会批评同事、主管、老板，跟别人唱反调，好像他自己有多了不起似的。结果呢？“怀才不遇”感觉越强烈的人，越把自己孤立，无法融入社会。每个人都不愿跟这种人打交道，人人视之为“怪物”，敬而远之。除非他改变自己，否则将永远无法出头。

沈磊在某重点高中读书，并且考入南京一流学府的热门专业。在读书年代，沈磊可谓是一帆风顺，也得到同龄人和他们家长的羡慕。但这些优势，却没有在择业时派上用场。沈磊进的第一家公司是一家初创不久的 IT 企业，作为一名在研发上独具天赋的名校学子，在这样的企业势必不能得到更好的职业熏陶和技能栽培。当沈磊发觉公司的很多做法都不科学，人员水平普遍低下的时候，他便对这家公司再无好感，因为他学不到自己希望学到的东西。

在有了这样一个不成功的一年工作经验后，沈磊跳槽去了另一家 IT 企业，但是经过三个月的亲身经历，他发现这家公司在实质上跟上一家一模一样，而且似乎比那家更糟。屡受打击的沈磊到这时才发现自己真的掉入了一个怪圈之中。看着以往的同学在大企业中做得有模有样，拿着自己几倍的薪水不说，还有一个异常光明的前途，他觉得自己真是“怀才不遇”。

像沈磊这样的年轻人在现实生活中为数不少，时间长了，自己觉得干得也很无聊，因此有的辞职了，有的则在原单位继续“怀才不遇”下去。

要想改变“怀才不遇”的现状，你可以尝试着从以下几个方面做起，相信事情会有所改变。

1.正确地评估自己的能力

先做自我能力评估，看是不是自己把自己估计得太高了。如果觉得自己评估自己不是很客观，可以找朋友和较熟的同事替你分析一下，如果别人的评估比你自我评估还要低，那么你要虚心接受。

2.分析“怀才不遇”的原因

分析自己的能力无法施展的原因何在，是一时没有恰当的机会还是受大环境的限制？有没有人为的阻碍？如果是机会问题，那就继续等待。如果是大环境的缘故，那就要考虑改变一下现有的环境，寻求更好的发展空间。如果是人为因素，那么可诚恳沟通，并想想是否有做得欠妥之处，如果有就要想办法沟通、化解。

3.建立良好的人际关系

在职场上，尽量不要让自己成为别人厌恶的对象，而要以你的才干积极地去协助其他同事出色地做好工作。但要记住，帮助别人切不可居功，否则会吓跑你的同事。此外，谦虚、客气、广结善缘，这些都将会为你带来意想不到的收获。

总之，年轻人一定要摒弃“怀才不遇”的心理，因为这会成为你思想上的负担。谨慎地做你该做的事，就算是大材小用，也是快乐的。

年轻人要有担当

年轻人就是一棵树苗，需要悉心照顾，浇水、施肥、松土，那么小树才会茁壮成长，终有一天会长成参天大树，结出丰硕的果实。如果不去管它，任其在阴暗的环境中，得不到阳光的照耀，吸收不到营养，那只能自生自灭，中途夭折或是藤枯树死。所以，每个年轻人都应该对自己的人生负责，让自己的生命之树长青。

有的年轻人胸无大志，终日无所事事，做一天和尚撞一天钟，这是对自己的极端不负责任。有的年轻人懒惰成性，好吃懒做，最终踏上了一条不归路，这也是对自己极端的不负责任。

一个有魅力的年轻人首先应该是一个对自己负责任的人，表现为自信、自尊、自爱、自控。责任是一条无形的鞭子，少年时，也许我们在父母的保护下，不曾觉察到它的存在；但一到我们有了自立的能力，踏入社会，责任就一圈又一圈地裹缠在我们身上。为人子女时，我们只要念好书，考上好学校，父母师长就对我们很满意；踏入社会后，为人夫或为人妻后，爱人仰望着我们，希望我们能够尽力营造好一个温馨的家。当然，除了为人子女、为人夫或为人妻之外，我们对亲友和社会，也有责任。

从前，一个人去找智者，寻求解脱之法。

智者给他一个篓子，让其背在肩上，指着一条沙砾路说：“你每走一步就捡一块石头放进去，看看有什么感觉。”

年轻人按照智者说的去做了。过了一会儿，智者问他感觉怎么样。年轻人说：“越来越沉重。”

智者说：“这也就是你为什么感觉生活越来越沉重的道理。当我们来到这个世界上时，我们每人都背着一个空篓子，然而我们每走一步都要从这个世界上捡一样东西放进去，所以才有了越走越累的感觉。”

年轻人问：“有什么办法可以减轻负担吗？”

智者问他：“那么你愿意把工作、爱情、家庭、友谊哪一样拿出来呢？”

年轻人不语，沉思片刻后，顿悟离去。

生活的担子越重，越能体会到生活的滋味。

生活对于你，可以说是一系列的责任与承担这些责任的过程。自我、工作、家庭等，作为一个社会人，你能逃脱这些吗？就算可以逃脱，你有勇气放弃这一切吗？因为这就是精彩的人生，你付出的同时，也从中得到了无限的乐趣。生活就是一个包袱，你只有不断地往里面放东西，它才会越来越充实。

责任就是在人生中勇敢担当，也是对生活的积极约束。责任还是对自己所负使命的忠诚和信服。一个充满责任感的人，一个勇于承担责任的人，会使他的生命更有力量，使他的人生更加充实和丰富。在这个世界上，每一个人都有不同的角色，每种角色都有不同的作用。从某种意义上说，扮演角色最大的成功是对责任的完成，正是责任让我们在困难当中能够坚持，在成功当中能够保持冷静，在懈怠的时候能够做到不放弃。

责任是一种动力，责任也是一种希望，责任能够创造更加幸福美好的人生，美好的人生就在实现责任的过程中得到。

很多年轻人在工作中往往有这样一种心态，自己不是领导者，因而只做与自己职责相关，并与自己所得薪水相称的那些工作，这样一种心态定位，使你只盯着自己分内的那些工作，而不想额外多干一点儿，甚至经常以老板苛刻为理由，连自己分内的工作都不努力去做，敷衍搪塞，偷懒混日，被动地应付上司分派下来的工作，结果几年过后，除了拿那点薪水，你毫无所获，甚至因态度不积极，自己的那份工作和薪水也保不住。

如果你以老板的心态来工作，那么，你就会以全局的角度来考虑你的这份工作，确定这份工作在整个工作链中处于什么位置，你就会从中找到做分内工作的最佳方法，会把工作做得更完美、更出色。以这种心态进行工作，你就不会拒绝上司指派给你的工作了。

勇于负责是一种美德，也是一个人取得成就的前提。有责任感的人能够坦然地面对逆境，能够在各种各样的诱惑面前把持住自己，能够真正拥有正直自爱之心。

把自己看轻些

我们每个人都很平常、很平凡，千万别太把自己当回事。如果认为自己比别人大一点点，这个字就念“臭”了。我们要永远记住：谨慎没有过头，谦虚没有界限。

有一位青年，平时留着小胡子，有一天，他忽然把小胡子剃掉了。他想：其他人肯定会感到很惊讶，并且会夸赞我比以前清爽多了。第二天，他以为人家会对他剃掉胡子的行为发表意见，可是大家匆匆跟他打过招呼后，都急急忙忙地去做事了。一直到快下班的时候，还是没有一个人对他的改变作出任何评价。最后，他终于忍不住了，主动对一个同事说："你觉得我今天跟以前有什么不同吗？"同事愣了一下，将他上下打量了一番，说："没什么不同啊。"另外两个同事回过头来，看了他良久，终于有一个人看出来了："哦，好像你以前留着胡子，今天胡子没了，对不对？"

一些年轻人总以为自己很重要，总认为别人都在关注自己，因此做什么事情都显得十分刻意，有时是害怕别人评头论足，有时是希望引起他人注意。其实很多时候，这些人都是在自作多情，因为大家都有自己的工作，都有自己的生活，对于与自己无关的东西，没有多少会去过多地关注。因此，千万不要把自己太当回事，不然你会很失望的。

在一个艺术家作品展览会上，《爱丽丝·亚当斯》的作者布思·塔金顿应邀出席。其间，两个可爱的十六七岁的女孩虔诚地向他索要签名。他问："我没有带自来水笔，用铅笔可以吗？"其实他知道不会被拒绝，只是想表现一下谦和对待普通读者的大家风范。

女孩们果然爽快地答应了。一个女孩将非常精致的笔记本递给他，他潇洒自如地签上了名字。女孩看过签名后，眉头皱了起来，仔细问道："你不是查波斯啊？"他非常自负地回答："不是，我是布思·塔金顿，《爱丽丝·亚当斯》的作者。"小女孩将头转向另一位女孩，耸耸肩说道："玛丽，把你的橡皮借给我用用。"

那一刻，这位作家所有的自负和骄傲瞬间化为泡影。从此以后，他时时刻刻告诫自己：无论多么出色，都别太把自己当回事。

有位县长到本城小店理发，坐了一会儿，问理发师："知道我是谁吗？""不知道。"理发师答。"知道我叫什么名字吗？""不知道。""知道我是县长吗？""不知道。"理发师接着说，"你是来理发的，我是给你理发的，这不就够了吗？"县长再不发一言。

人生在世，都希望活得体面有滋味，总愿意人家在乎和尊重自己。

然而，为人要脸面，却不可拿自己太当回事；为官或出名的人物，尤其不宜过于看重自己。如果以为"老子天下第一"、"舍我其谁"，就会盛气凌人、独断专行，结果不是脱离群众，就是走向人民群众的反面。所以，任何人都没有什么了不起的。

曾任泰国总理的川·立派有一位勤劳的母亲，老人闲不住，在儿子当了总理之后，还在曼谷的一家市场内摆摊卖虾仁豆腐、豆饼、面饼。有记者采访她，问她为什么还干这个，她说："儿子当了总理，那是儿子有出息，与我摆摊并没有什么矛盾。"她面对记者表示："我其实没做什么，只不过在他小时候教导他做人必须诚实、勤劳和谦虚。”

别拿自己太当回事，并不是不要人格、品行和责任。在待人上的“当回事”与“不当回事”也是有区别的。就是对待自己不要太当回事，而对待他人则要真当回事。对自己不当回事，体现做人的谦虚谨慎、不骄不躁；对他人真当回事，反映待人的团结友爱、诚实守信。无论达官贵人、先哲圣贤，还是平民百姓，都应鉴戒。

不要太高估自己

不少年轻人刚开始工作时，对自己的期望值很高。在他们看来，自己是“人才”，因此，在工作中应当受到重用，应当得到丰厚的报酬。但是，抱有这样观点的人往往会在现实中碰壁。

名牌大学毕业的王超，在校园里是一个风云人物。在大学里，他是系学生会主席，曾组织过多次大型校内校外的活动，并利用假期，参加过许多社会实践。他自认为有很强的组织能力和领导才能。

但就在他应聘第一家公司的时候，就碰了壁。这是一家跨国公司，他面试的时候，就把他自己在大学里的成绩以及对自己的评价以一种自信的姿态说了出来，希望先声夺人，给对方留下一个好的印象。

但招聘人员却淡淡地问他：“如果我安排你去我们的机修车间干一段时间，你接受吗？”

王超认为他们在试探他，便说：“我的目标不是做机修工，但我会努力做到最好，直到你们满意。”

招聘人员微微点头：“好，你到公司培训过后，就去机修车间。”

王超没想到对方真让自己去机修车间，他有点急了：“但是我觉得这样的工作不需要像我这样的人才去做，这是人才浪费！我完全可以做比机修工更重要的工作。”

对方说："在我们公司，没有一份工作不重要，也没有更重要的工作，只有重要的工作。我问你一个问题，在我们公司所生产的产品中，你熟悉哪一种产品？"王超哑口无言。

招聘人员客气地对他说："欢迎你参加我们公司的下一次招聘。请下一位进来！"

像王超这样的例子实在太多了，他们都是"嫌弃"工作而找不到就业门路的大学生，他们好高骛远，不讲实际，这导致了他们"失业"的结果。

事实上，刚进入社会的年轻人没有经验，又对社会不够了解，所以，是不太可能被委以重任的，他们也没有这个能力。他们需要在工作中一步步地磨炼，逐渐成熟，然后才可能得到他们想要的。

林韬是一名毕业于某师范大学的本科生，如今他是浙江某建筑公司的一名经理。在外人看来，像林韬这样毕业于师范院校的大学生，应该去做老师才对，当建筑工人和他的身份不匹配。

原来，在大学里学物理专业的林韬，毕业后由于所学专业比较冷门，辗转于人才市场一个多月也没找到合适的工作。后来，他和同学跑到浙江省，想在那里闯一闯，当他听说某建筑公司招工人的时候，他决定放低姿态，先从工人干起，虽然在基层工作很辛苦，但通过自己的努力，在短短的两年时间里，他从钢筋工人做到了管理层，当上了经理。

回首这一路走来的历程，林韬感慨地说道："不管从事什么行业，只要不过高估计自己，放低姿态，努力了就会有回报。”

在这个社会，越来越多的年轻人自命不凡，他们心态浮躁，不肯从最基层做起，迫切地想证明自己的能力。他们认为自己是硕士、是博士，自然比那些专科、本科生的起点要高。所以，他们的姿态永远都是高扬的，对那些平凡的岗位丝毫没有兴趣，他们认为自己应该找一份和自己能力“匹配”的工作。但是结果又常常不如人愿，你比别人强，有比你更强的，还不如放低姿态，从基层做起。

有一位博士毕业的高才生，在碰了无数次的壁之后，决定换一种方法找工作。他收起所有的学位证书，自降身份，去找工作。很容易地，他进入了一家电脑公司，做一名最基层的程序录入员。没过多久，上司就发现他才华出众，竟然能指出程序中的错误。这个时候他把自己的本科学位证书拿出来了，于是上司就给他换了一个与本科生水平差不多的工作。没有多久，他在新的岗位上也游刃有余，远比一般大学生高明，这时博士亮出自己的硕士证书，老板又提升了他。从此以后，老板就开始注意他了，发现他应付现在的工作仍然绰绰有余，于是就再次找他谈话。这时博士拿出博士学位证书，并说明了自己这样做的原因，老板这才明白怎么回事，更对他的低调和谦虚赞不绝口。理所当然地，博士在这个公司里受到了重用。

可见，学会在适当的时候，保持适当的低姿态，绝不是懦弱的表现，而是一种智慧。放低姿态既是一种态度也是一种作为，学习谦恭，学习礼让，学习盘旋着上升，这既是人生的一种品位，也是一种境界，同时能让我们脚踏实地地攀上成功的阶梯。

即便你是天才，也应该保持谦逊

一位学者这样说道："当我以为自己什么都懂的时候，学校颁给了我学士学位；当我觉得自己一知半解的时候，学校颁给了我硕士学位；当我发现自己竟是如此孤陋寡闻的时候，学校颁给了我博士学位。"

这位学者的话揭示了一个这样的道理：当人越谦卑的时候，越发现自己有所不足，就越懂得放下身架虚心求教，这样所学到的东西也就越多。这位学者所分享的话与我们平时所说的"越熟的麦子头垂得越低"有着异曲同工之妙。意思就是说，当一个人越懂得谦卑的时候，不单本身能获益更多，也更能让人发自内心地钦佩、敬重他。

古希腊著名哲学家苏格拉底讲过："就我来说，我所知道的一切，就是我什么也不知道。"他以最简洁的形式表达了进一步开阔视野的理想姿态。可以说，至今仍有很多人信奉苏格拉底这句名言。无论你多么伟大，无论你多么有才能，你也有不知道的地方，说不知道并不意味着你无能，反而在勇敢承认的同时而获得了更多的称赞。

有一位学富五车、年近八旬的老妇人，她原是大学教授，会讲五种语言，读书很多，语汇丰富，记忆过人，而且还经常旅行，可以称得上是见多识广。然而，从未有人听到过她卖弄自己的学识或对自己不了解的事情假称通晓。遇到疑难时，她从不回避说“我不知道”，也不用自己的知识去搪塞，而是建议去查阅有关专著、资料，以作参考。看到老人的这一切，每个跟她接触的人真正懂得了怎样才能被别人敬重，怎样才能获得做人的最好的尊严。

著名的心理学家邦雅曼·埃维特曾指出，平时动不动就说“我知道”的人，头脑迟钝，易受约束，不善同他人交往。迅速和现成的回答，表现的是一种一成不变的老套思想，而敢于说“我不知道”所显示的则是富有想象力和创造性。埃维特还说，如果我们承认对这个或那个问题也需要思索或老实地承认自己的无知，那么我们的生活就会大大地改善。

从事任何一种职业的聪明人，都有勇气承认“没有人知道一切事情”这个事实。承认自己不知道无损于他们的自尊。对于他们来说，“不知道”是一种动力，并不是说出来就大失面子的话语，因为自己的“不知道”，反而会促使他们去进一步了解情况，求得更多的知识。

在柯金斯担任福特汽车公司经理时，有一天晚上，公司里因有十分紧急的事，要发通告信给所有的营业处，所以需要全体职工协助。当柯金斯安排一个书记员的下属去帮忙套信封时，那个年轻职员傲慢地说：“那有损我的身份，我不干！我到公司来不是做套信封工作的。”

听了这话，柯金斯一下就愤怒了，但他平静地说："既然做这件事是对你的污辱，那就请你另谋高就吧！"

于是那个年轻职员一怒之下就离开了福特公司。他跑了很多地方，换了好几份工作都觉得很不满意，他终于知道了自己的过错。于是又找到柯金斯，诚挚地说："我在外面经历了许多事情，经历得越多，越觉得我那天的行为错了。因此，我想回到这里工作，你还肯任用我吗？""当然可以，"柯金斯说，"因为你现在已经能听取别人的建议了。"

再次进入福特公司后，这个青年变成了一个很谦逊的人，不再因取得了成绩而骄傲自满，并且经常虚心地向别人请教问题。后来他成为了一个很有名的大富翁。

一个年轻人，无论他多么有才华和能力，如果他不能谦逊待人，也会遭到他人的唾弃。对于外界的排斥，尽管有些人表面上会表现得桀骜不驯、蛮不在乎，但是这种人心底深处还是会隐隐存在着一种被认同的渴求。

这个世界从来不缺乏有才华和能力的人，缺乏的是有才华同时又能保持谦逊的人。

“架子”越大，身份越低

真正的大人物，属于那种成就了不平凡的事业，却仍然和平凡人一样生活的人。他们从来都是虚怀若谷的，他们不会觉得自己才高八斗、学富五车，他们从来不会见人便喋喋不休地诉说自己不被重用的“遭遇”和“不幸”，他们从不埋怨自己的上司是“妒贤嫉能之辈”，从不痛恨自己的同仁是“居心叵测之人”，他们只是“不以物喜，不以己悲”地去干着自己分内的事情。

自以为是的年轻人头脑容易发热，他们往往充满梦想，只相信自己，从来不接受别人的意见和劝告，认为采纳了别人的意见就等于认输了，其实，他们的固执恰恰证明了他们骨子里的自卑，正因为心虚，所以才不愿服输。

其实，有内涵、有魄力的人，不一定永远站在智慧的最高峰。

忘记曾经的成功、曾经的辉煌，正视现实，不盲目蛮干，这样的人即便退居幕后，我们给予他们的仍然是掌声和鲜花。

士光敏夫是日本著名的经营学家。1964 年，68 岁高龄的士光敏夫就任东芝董事长，他经常不带秘书，独自一人巡视工厂，遍访东芝散设在日本各地的三十多家企业。身为一家公司的董事长，亲自步行到工厂已经非同小可，更妙的是他常常提着一升瓶装的日本清酒去慰问员工，跟他们共饮。这让员工们大吃一惊，有点不知所措，又有受宠若惊的感觉。没有人会想到一位大公司的董事长，会亲自提着沉重的清酒来跟他们一起喝。因此工人称赞他为“提着酒瓶子的大老板”。

士光敏夫平易近人的低姿态使他和职工建立了深厚的感情。即使是星期天，他也会到工厂转转，与保卫人员和值班人员亲切交谈。他曾经说过：“我非常喜欢和我的职工交往，无论哪种人，我都喜欢和他交谈，因为从中我可以听到许多创造性的语言，获得巨大收益。”

的确，通过对基层员工的直接调查，不仅获得了宝贵的第一手资料，而且弄清了企业的不足，还获得了很有价值的建议，更重要的是赢得了员工的好感和信任。

美国首任总统华盛顿也是靠着他那平易近人的领导风格赢得了千万美国人的尊重和拥戴的。有一天，他穿着一件过膝的普通大衣一个人走出了军营，他的低调没有让所有遇到他的人认出来。

他走到了一条街道旁，看到一个下士正领着几位士兵垒街。

那位下士双手插在衣袋里，站在旁边，对抬着一块石头的士兵们发号施令。尽管下士喊破了喉咙，士兵们经过多次努力，还是不能把石头放到预定的位置上。

大家的力气都耗尽了，那块石头眼看着就要滚下来。在这关键的时刻，华盛顿疾步上前，用他的臂膀顶住石块。终于，那块石头被放到了位置上。士兵们拥抱华盛顿，向他表示感谢。

华盛顿转身向那个下士问道："刚才你为什么不帮一帮大家呢？""你是在质问我吗？难道你看不出我是下士吗？"那下士背着双手，霸气十足，不可一世。华盛顿笑了笑，然后就不慌不忙地解开自己的大衣纽扣，露出自己的军服，说："按衣服看，我就是上将。不过，下次再抬重东西时，你也可以叫上我。"那个下士顿时羞愧难当。

生活中，爱摆"臭架子"的人一点儿也不少，哪怕只是当了个芝麻大的官，手下只有可怜的一个"兵"，也要把官腔打足，官架摆足，无论是说话、走路、办事，都是装腔作势，有意显得威风、高贵、了不起的样子。

爱摆架子的人喜欢指点江山，挥斥方遒，居高自傲，从不把别人放在眼里。他们不知道，"臭架子"摆得越大，在别人心目中的身份和地位越低。因为究竟能不能当好官，不在于"官架子"端得大不大，而在于是否具有人品、能力、水平和亲和力，是否得到了下属的认可，能不能得到他们真正的信服和敬仰。

一位光明磊落、深受群众爱戴的领导干部曾经这样说过："为官不要自觉高人三等，而应自觉低人三等。”所以身份和地位越高的人，越要把自己的姿态放低，只有这样才能赢得追随者的敬重和信赖。

不要随意张扬个性

很多人都认为个性很重要，特别是年轻人，他们最喜欢谈的就是张扬个性。他们最喜欢引用的格言是：走自己的路，让别人去说吧！时下的种种媒体，包括图书、杂志、电视等也都在宣扬个性的重要性。我们可以看到许多名人都有非常突出的个性。爱因斯坦在日常生活中非常不拘小节，巴顿将军性格极其粗野，画家凡·高是一个缺少理性、充满了艺术妄想的人。

名人因为有突出的成就，所以他们许多怪异的行为往往会被广为宣传，有些人甚至产生这样的错觉：怪异的行为正是名人和天才人物的标志，是其成功的秘诀。我们只要分析一下，就会发现这种想法是十分荒谬的。

四年前，刘冰毕业于中国一所名校的计算机系，那时，他是一个追求独特个性，充满了抱负和野心的年轻人。他崇拜比尔·盖茨和斯蒂文·乔布斯这两个电脑奇才，追随他们不拘一格的休闲穿衣风格，他相信“人真正的才能不在外表，而在大脑”。对那些为了寻求工作而努力装扮自己的人，他嗤之以鼻。他不仅穿着牛仔裤、T恤，还穿了一双早已过时的鸭舌口黑布鞋，他认为自己独特的抗拒潮流又充满叛逆性格的装束，正反映了自己有独特创造性的思想和才能。

一次，他穿着自己那套“潇洒”的“盖茨”服，外加上“性格宣言”的黑布鞋去面试。在他进入面试的会议室时，看到有五六个人，全部是西服正装。他们看起来不但精明强干，而且气势压人。他那不修边幅的休闲装，显得如此与众不同、格格不入，巨大的压力和相形见绌的感觉使他恨不能找个地缝钻进去。他没有勇气再进行下去，最后放弃了面试的机会。他说：“我的自信和狂妄一时间全都消失了。我明白了一个道理，我还不是比尔·盖茨。”

名人确实有突出的个性，但他们的这种个性往往表现在才华和能力之中。正是他们的成就和才华，使他们特殊的个性得到了社会的肯定。如果是一般人，一个没有多少本领的人，他们的那些特殊行为可能只会遭到别人的嘲笑。

如今，职场上追求个性的人越来越多，那些才华出众的人，尤其喜欢张扬自我，不愿放弃自己的主张与见解，错了都不肯低头。如此鲜明的个性，让人无法接受，对自己的发展也相当不利。

盲目追求个性的人都有一种想显示自己与众不同的想法。在实际生活工作中不难看到这样的现象，有人对一些不听指挥、顶撞上级或身陷困境仍然执迷不悟的顽固分子，称赞其“有个性”。也有人为了展示自己独特的个性，固执地坚持自己错误的观点或是做一些意想不到的事。他们最终的目的，就是为了显示自己的与众不同。

推崇个性，不等于不要尺度。如果时时、处处、事事都特立独行，脱离群体，在世人的眼中便是“怪物”。如果连群体都不能容纳你，起码的交流和生活都成问题，根本就没有成功的可能。

因此，当我们张扬个性的时候，必须明白我们张扬的是什么，必须注意到别人的接受程度。如果你的这种个性是一种非常明显的缺点，你最好还是把它改掉，而不是去张扬它。

社会需要的是生产型的个性，只有你的个性能融合到创造性的才华和能力之中，你的个性才能够被社会接受，如果你的个性没有表现为一种才能，仅仅表现为一种脾气，它只能给你带来不好的结果。

在生活中，随意张扬个性，常常给自己带来不必要的麻烦，甚至会让自己吃亏。所以，我们最好还是聪明一些，尽可能与周围的人协调一些，这才是智慧的表现。

别人不会像家人一样迁就你

三十几岁的年轻人大都是“80后”。“80后”是彰显个性的一代，也是最为任性的一代。由于出生在特殊的时代背景，不论男孩还是女孩，“80后”都有任性的特点。因为多数“80后”都是独生子女，有的父母还不在身旁，由爷爷奶奶一辈的老人们来照顾。这使他们在家里受到了过多的娇惯、溺爱和迁就，天长日久，就养成了任性的性格。这种现象在社会上非常普遍，慢慢地，便形成了这代人的总体性格特征，同时，这个特征也间接地导致了部分“80后”的做事能力差，做错了还奢望别人迁就自己，原谅自己。如果不被原谅，就要么赌气不做，要么辞职不干。

大学毕业后，小高就顺利进入了一家外企在广州设立的办事处。工作不太忙，公司还送她去学习报关和相关物流培训班充电。不菲的薪水，较大的发展空间，令很多同学羡慕不已。小高渐渐骄傲起来，对销售人员乃至部门经理安排的事情，要么是有选择性地做，要么就忘在脑后，态度甚至有点傲慢。好在总经理以“男士要有绅士风度，不要跟女孩子计较”为由，让男同事礼让小高几分。

小高和几个同事一起去参加北京的展会，开展当天，由小高负责的好几个文档都落在家，忘记拿了，几个同事不满说了她几句。回广州后，小高竟赌气递上辞呈，总经理为稳定团队，挽留了她，小高因赢得“胜利”而得意扬扬。可没承想此后，递辞呈成了小高的“撒手锏”，一有不如意就赌气辞职。后来，总经理终于在辞职信上签名准许，看着弄假成真，小高叫苦不迭。“我知道很难再有上司像总经理那么宽容，是我自己没有珍惜机会，我的任性，对于总经理的宽容大度来说，也是一种伤害和辜负。”小高现在后悔莫及。

人这一生，除了家人以外，任何人都没有义务迁就你。家人的迁就，那是一种宽容，是一种无私的爱，哪怕你做得再不对，他们也会原谅和包容你。只因为这是一种亲情，而这亲情的存在让他们不计一切地迁就你。

当然，生活中还有一些人会迁就你，那就是对你有所图的人。如果你在一定的位置上，有一定的权力，就会有人迁就你，但那也只是暂时的。

有一位年轻的名牌大学的毕业生，在领导面前是红人。身边的人天天都围着他转，指望着他在领导面前说几句好话，而他也习惯于依赖别人，工作上出差错，平时上班迟到，除了领导也没人敢说他，一直迁就他。后来，换了领导，他不再受重用，如昨日的黄花一样被晾在一边，而那些昔日围着他转的人也对他冷淡下来。一次，他又一次迟到了，单位里管考勤的人毫不留情地给他记了迟到，而这在以前是没有的事。他一下子感觉到很委屈，失意到了极点，最后辞职不干了。

年轻人在社会上行走，不要过多地希望别人迁就你。要一切靠自己，尽心尽力地做好每件事，把握好自己的一切，这样自己也不会受到伤害。

第二章

你从来不缺梦想，缺的是应付这个世界的手段

追求理想也要兼顾现实

理想是前进的动力，有理想固然不错，但是要知道理想和现实绝对是有差距的，不管理想多么完美，一旦碰到了现实生活，再完美的理想也必须适度地妥协，否则，到最后往往会一事无成。

春秋末年，各诸侯国之间时常发生战争。孔子是当时有名的教育家，极力主张以“仁义道德”来治理国家，恢复过去周朝的礼制。他认为统治者只有用“仁义”来感化百姓，处理诸侯国之间的关系，天下才会安宁。

为此，他曾周游列国，向各诸侯国国君“推销”自己的政治主张，并希望他们采纳。遗憾的是，他的政治主张并不像他的教育思想那样受人敬佩和欢迎，因而到处碰壁。

有一次，孔子带着学生准备到卫国去游说，学生颜回便去问鲁国一个名叫太师金的官吏：“我的老师孔子到处游说，劝谏别人接受他的政治主张，可是却到处碰壁。这次去卫国，你看情况会怎样？”

太师金摇头说：“我看结果还是不行。现在战乱四起，各国国君为了争夺地盘都忙着打仗，对你老师的‘仁义道德’非常反感，谁会去听不合时宜的说教呢？先前蔡、陈两国之行就是如此。这次他到卫国去游说，肯定也不会有什么好结果。”

太师金又举例作进一步解释："船是水里最好的运输工具，车是陆地上最好的运输工具，但是，如果硬要把船弄到陆地上来运货，就是白费力气，一点用也没有。你的老师要去卫国游说，好比是把船弄到陆地上去运货一样，结果不但劳而无功，还可能会招灾惹祸。你们不要忘了在陈国的教训，你们到陈国时，不是就没人理睬你们，而且七天都张罗不到饭吃吗？"

颜回回忆起那次去陈国的情景，不禁有些担心。他回去把此事告诉老师孔子，孔子也深有感触，但是他还是决定去卫国。结果，依然是碰壁而归。

在诸侯争江山、夺土地，战乱不断的情况下，虽然孔子所推行的"仁义道德"，是为人民着想的政治主张，但事与愿违，当时的诸侯个个利欲熏心，只看见眼前的私利，每一个诸侯都希望成就自己的霸业，当然不可能听孔子的话，将权力交还给周天子，恢复旧礼制。

在这种情况下，陈、蔡两国会视孔子所言为剥夺自己利益的蛊惑之言，所以，待他相当不礼貌。

太师金看透了诸侯们的野心，才会劝颜回不必再白费力气。

尽管孔子不轻易放弃，认为只要有机会，就算成效不彰也要碰碰运气，但是结局早在太师金的预料之中。

很多人之所以会一再失败，原因就像太师金所说的"硬要把河里的船弄到陆地上来运货"，老是做着这种食古不化的事，怎么会成功呢？

二十几岁的年轻人，大多数刚刚毕业，涉世还不深，当然会有远大的理想和志向。但是在实现理想的时候，还要兼顾现实，既要讲究方法，也要懂得灵活变通，要审时度势，与时俱进。否则，就会沦为食古不化的失败者，成为众人讥笑的对象。

有才华的人一事无成，只因跟错了人

跟对人是成功的基础，凡是成功者莫不始于此。跟对了人，从此事半功倍，阔步向前！而一旦跟错了人，就好比根基没打好，后天再努力，也只会事倍而功半，甚至是劳而无获，“投入”与“产出”严重背离！

跟对了老板，是缘分，从此幸运和机会就不断敲开你的窗子。

而跟错了老板，虚度青春不说，还有可能风险频发，甚至招致牢狱之灾。

所以，二十几岁的年轻人一定要用这句话时刻警醒自己：宁可拜错神，不可跟错人！

田洁毕业于上海一所知名大学，实习结束后就到北京找工作。一次偶然的机会，田洁进入了保险行业。通过公司的一系列培训，田洁开始了保险销售工作。因为勤奋好学，还有一个能力不错的经理作指导，第一个月田洁就有了不错的业绩，仅半年时间，就挣了不少钱。这时意外发生了——田洁的经理要带他们集体跳槽去另一家保险集团，为了感谢经理对她的培养，田洁决定跟他一起打天下。新公司的制度跟上一家不同，但因为有上司罩着，田洁很放心。可是过了一段时间，田洁就见不到经理和另一个跟她一块儿跳槽过来的同事了。后来才听说，原来经理被猎头挖到一家外企做主管了，只带走了那个能力较强的同事，却把她撇在了这家公司。田洁在新公司里感到很孤独，也适应不了公司的制度，接连几个月都没有一点业绩，不久她的新上司就向她下了“逐客令”。

职场上像田洁这样的人有很多，有的人跳槽是为了能有更多的薪水，有的人是为了发挥自己的专长，有的人是为以后自己创业积累经验。而田洁跳槽，是受其上司“煽动”，最后被上司“甩了包袱”，这种跳槽，往往是上司受益，跟随者遭殃。

可见，跟对人对一个职场人士来说，是至关重要的。

在生活中，我们经常会看到这样一些情景：有些人才华横溢、能力非凡，在学校他们是众多同学仰慕的“明星”，步入社会他们也会因为个人独特的魅力吸引众多关注的目光，但是他们中的多数人，最后并没有什么值得称道的建树，有的甚至很平庸。

这些人为什么会一事无成呢？关键是他们忽略了一个重要的客观因素——金子本身是不会发光的，只有在光的照射下，金子才会光彩夺目！这正如同一个有才华的人，空有其才华，却没有一个伯乐懂得赏识他，给他提供一个发展和表演的舞台，那他最终的结果，只能是“满腔才华付诸流水”，落魄一生。

另外还有一个奇怪的现象，那就是很多人并没有什么特质，可最后他们却获得了巨大的成功，究其原因，就是他们跟对了人。

前者没有跟对人，有才华也被埋没了；后者跟对了人，即使资质普通，却能出乎意料地取得惊人的成绩。

生活中类似的例子数不胜数，如果你细心观察就能发现，这个道理处处都在被验证着。我们平时看的电影、电视剧也常会出现这样的镜头：跟着正派人物，虽然受尽磨难，半生辛苦，但苦尽甘来，终有所成；而跟着邪恶势力，虽说耀武扬威，逞强一时，但最后都落得不好的下场。

跟对人至关重要！二十几岁的年轻人在职场上，千万不能掉以轻心！

职场最需要的就是跟对人，他是你事业上的一盏明灯，直接照亮你的职业前景，你的一生也将因此改变。如果在职场上遇到一个不好的老板，就好比半路遇到一只拦路虎，会让你职途坎坷多蹇。业绩好的时候，他会把所有的功劳都算在自己的头上；业绩差的时候，他会把所有的责任都推给你。

所以，二十几岁的年轻人，纵使你再有才华，也千万不要跟错人。

选老板就像选对象，一定要慎重

一个人肚子里满是才华，就好比一家小店进满了货，进货的目的是为了卖出去，这就需要找到一个合适的老板，在“老板”财力和精神的支持下，小店才能经营得有声有色；而一个有才华的人也需要一位“识货”的老板，将肚子里的“才华”卖出去，唯有如此，有才华的人，才能找到用武之地，实现自己的人生理想。

如果有货，找到的却是一位不“识货”的老板，若是小店，就会货物滞仓，长此以往，“店将不店”，迟早关门歇菜；若是人，则“人将不才”，你受到的不是人才的待遇，自己的“货”就卖不出去。

遇到不同的老板，你的情况会有天壤之别。张飞在市井混时，结识了很多小老板，可是依然得靠卖猪肉为生，而跟随刘备以后，他才得以成为叱咤一时的大将。

可见，选对老板跟对人，对于一个有才华的人来说是多么重要！

那么，二十几岁的年轻人，如何才能找到合适的老板跟对人呢？下面是几点建议，不妨作为选择老板的标准。

（1）无论学历如何，对商海有独到见解，对自己有坚强信心的人。你不是在选教授，不必一定选择高学历，因为只有他精于商场，在商场上节节取胜，你才有可能从士兵升到将军。

（2）无论文化如何，求知若渴，孜孜以求的人。无知的人是最易满足的人，反过来讲，不满足的人往往有知有识，进步飞速。

（3）上班比职工还准时的人。起码说明他对自己是负责的，如果对自己都不负责，如何对别人负责？

（4）格外遵守时间的人。不因内部开会而迟到，也不虚假解释，在没有人敢对他指责的情况下，准时是他人品和素质的反映。

（5）凡事有原则的人。奖励你有奖励你的原则，惩罚你也有惩罚你的标准，不以个人情绪为转移。只有奖惩分明才能带动一支队伍。

（6）心胸坦荡，不计较针针线线的人。一个老板要能容人，容不得人如何带千军万马？职工打个哈欠，他非说坏了他的财气，这样的人不可跟。

（7）有胆量和魄力的人。什么叫胆量？就是别人不敢他敢，当然违法犯罪的事除外；什么叫魄力？就是别人只想着做 1 万元的事，他却在想着做 1000 万元的事，当然空想也没用。画饼充饥、只一味许诺却从不实现的人不要跟，也不能跟。

（8）不妒贤嫉能的人，永远能够看到别人优点的人是首选的对象。有种人看见别人好，自己就睡不着觉；看见别人不行，又在那儿骂骂咧咧，永远是别人不对。跟着这样的人，你永远没有出头之日。嫉妒别人的人不可跟。

（9）不大方，也不小气的人。该花的，花多少也不吝惜；不该花的，一个钉子也要从地上捡起来。

这只是几点建议，二十几岁的年轻人究竟如何选择最适合你的老板，就像如何选择最适合你的对象一样，没有统一的标准。要想选对老板，最后还要看你个人的品位，选择权在你，选得好坏就看你的眼力了。

你想成为什么样的人，就跟随什么样的人

一个良好的环境，能够改变我们的思维与行为习惯，直接影响我们的工作与生活。同理，朋友也可以影响我们，如果我们经常与优秀的人交往，自己也会向好的方向发展，反之亦然。

生活中，我们都会在不经意间接受来自环境的一些潜移默化的影响，从而不知不觉地改变自己的品行。正如西晋思想家傅玄所说：“近朱者赤，近墨者黑。”

欧阳修是北宋时期著名的文学家、史学家和政治家。他在文学上取得了卓越的成就，创作了大量优秀的散文和诗词。尤其是他的散文，简洁流畅，丰富生动，富于感染力。他还为当时的文坛培养了一批人才，像苏洵、苏轼、苏辙、曾巩、王安石（他们

都是唐宋散文八大家之一）等，都出自他门下。

欧阳修在颍州府（今安徽省阜阳市）做官的时候，有位名叫吕公著的年轻人在他手下当差。有一次，欧阳修的朋友范仲淹路过颍州，顺便拜访欧阳修。欧阳修热情招待，并请吕公著作陪叙话。谈话间，范仲淹对吕公著说："近朱者赤，近墨者黑。你在欧阳修身边做事，真是太好了，应当多向他请教作文写诗的技巧。"吕公著点头称是。后来，在欧阳修的言传身教下，吕公著的写作能力提高得很快。

《论语·里仁》云："见贤思齐焉。"如果一个人周围都是一些道德高尚的人，那么这个人也会通过努力去赶超他们，正如上述的例子。同样，如果一个人总是与一些道德素质低的人交往，久而久之，他的品性也很容易变得恶劣。

年轻的寿险推销员杰克来自蓝领家庭，他平时也没什么朋友。华特是一位很优秀的保险顾问，而且有许多赚钱的商业渠道。他生长在富裕家庭中，他的同学和朋友都是学有所长的社会精英。杰克与华特的世界根本就是天上地下，所以在保险业绩上也有着天壤之别。杰克没有人际网络，也不知道该如何建立人际关系，不知道如何与来自不同背景的人打交道，而且少有人缘。一个偶然的机会，杰克参加了开拓人际关系的课程训练，杰克受课程启发，开始有意识地和在保险领域颇有建树的华特联系，并且和华特建立了良好的关系，他通过华特认识了越来越多的人，事业上的局面自然也就打开了。

杰克的成功得益于他的朋友华特和其人际关系。所以，和什么样的人在一起，自己的未来或许就是什么样子。与强者交朋友，自己往往会变得更强；和一无是处的人做朋友，自己则可能会变得更加颓废，更加一无是处。

因此，二十几岁的年轻人，你想做什么样的人，就要向什么样的人靠拢。你想成为一个成功者，就要努力和成功者在一起。与成功者为伍，有助于在我们身边形成一个“成功”的氛围。在这个氛围中，我们可以向身边的成功人士学习正确的思维方法，感受他们的热情，了解并掌握他们处理问题的方法。

有时决定一个人身份和地位的并不完全是他的才能和价值，而是他与什么样的人在一起。所以，如果二十几岁的你想取得成功，就必须和成功人士站在一起，为自己的成功铺路。

主动结交比你优秀的人

在选择朋友时，二十几岁的年轻人必须确立这样一条基本原则，那就是尽可能地选择那些比你优秀、在各方面领先于你的人做朋友。

当然，我们要努力和那些自己所仰慕和推崇的人交往，并不意味着要结交那些更加富有的人，而是要结交那些有着较高的文化素养、受过良好的教育，并且有着广泛的信息来源的人。

只有和这样的人交往，你才能尽可能多地汲取有助于你成长和发展的养料。而且在与他们接触的过程中，你也会逐渐提升自己的理想，追求更远大的目标，并付出更多的努力，以便有朝一日自己也能够成为一个优秀的人。

美国有一位名叫阿瑟·华卡的农家少年，在杂志上读了一些大实业家的故事后，想知道得更详细些，并希望得到他们对后来者的忠告。

有一天，他跑到纽约，也不管几点开始办公，早上7点就到了实业家亚斯达的事务所。

在第二间房子里，华卡一眼就认出了面前那位体格壮实、长着一对浓眉的人，正是他要找的人。高个子的亚斯达开始时觉得这少年有点讨厌，然而一听少年问他："我很想知道，怎样才能赚得百万美元？"他便表情柔和并微笑起来，他们竟谈了一个钟头。随后亚斯达还告诉他该去访问的其他实业界的名人。

华卡照着亚斯达的指示，访遍了一流的商人、总编辑及银行家。

在赚钱这方面，他所得到的忠告并不见得对他有多大的帮助，但是能得到成功者的知遇，给了他自信。他开始仿效他们成功的做法。

两年之后，华卡成为他曾经当学徒的那家工厂的所有者。24岁时，他成了一家农业机械厂的总经理。不到5年，他就如愿以偿地拥有了百万美元的财富。

华卡在活跃于实业界的67年中，实践着他年轻时在纽约学到的基本信条，即多与有益的人结交，多拜见成功立业的前辈。而他的成功也正是因为他主动结交优秀的人，从他们那里得到了不少信心以及各种资源。

要与伟大的朋友缔结友情，跟第一次就想赚100万美元一样，是相当困难的事。原因并不在于伟人们的超群拔萃，而在于你自己容易忐忑不安。

不少人总是乐于与比自己差的人交往，这有一些自我安慰的作用，因为这样会使自己在与人交往时产生优越感。

我们可以从不如我们的朋友中得到慰藉，但也必须从优秀的朋友那里得到激励，以增加勇气和动力。

总之，综观那些事业成功的人，大多都有赖于比自己优秀的朋友，不断地促使自己力争上游。二十几岁的年轻人，如果你也想获得成功，一定要主动去结交那些比你优秀的人。

做好人，但不做滥好人

人可以温和，可以做好人，但不可以软弱，不可以做滥好人，就如同杯子留有空间就不会因加进其他液体而溢出来，气球留有空间便不会因再灌进一些空气而爆炸，二十几岁的年轻人做人做事给自己留下余地，便不会让自己落个吃力不讨好的结局。

一位曾以助人为乐趣的人唠叨说：

“能帮上忙，我很快乐，但是我也不想因帮忙而得到不尊重的对待。有回午夜时分一个陌生的太太说要将她的3个孩子送来我家，且要我负责上下学、伙食和睡前故事，还说是对我放心才让我带。另一回，也是带人家的小孩，小孩的父亲怪我伙食不行，还说我没教孩子英文、珠算、数学！还有一次，人家托我带孩子，说好晚间8点准时到，结果我等到12点还没到！打电话去问，说是‘误会’，就不了了之。上班时，会计小姐在年度结算，托我帮忙，我算得头昏脑涨，那小姐却喝茶快活去了，最后还怪我算太慢，害她被老板骂。”

可见，凡事都往自己身上揽，唯恐得罪人的结果就是不仅加重别人对你的依赖，也加重了自己的负担，弄得自己不堪重负。就算是超人，有三头六臂，我们也不可能在所有的事情上让所有的人都满意，如果你总是怕对方不满意，你迟早会把自己折磨死。

一旦那些别有用心的人摸透了你想面面俱到的弱点，便会软土深掘，得寸进尺地索求，因为他们知道你不会生气，于是你就会变成人人看不起、人人都来捏的软柿子。

在某大学的一个班级里，有一位学生比较老实，喜欢帮助他人，遇到自己的正当利益被侵犯的时候也不反击，而是采取忍让策略，因此，虽然班里绝大多数同学对他并无恶意，但在不知不觉中总会把他当作一个理所当然地应该牺牲个人利益的人，看电

影时，他的票被别人拿走，春游时他要负责看管包儿……但在实际上，他心里非常渴望与别人一样，得到属于自己的那份利益与欢乐。由于他的老实软弱和极度的忍耐，这种情况一直持续了很久。终于有一天，他忍无可忍了，一向木讷的他来了个总爆发，起因是一场十分精彩的演出又没有他的票。他脸色铁青，大发雷霆，激动的声音使所有人都惊呆了。虽然那场演出的票很少，但是这位同学还是在众目睽睽之下拿走了两张票，摔门而去。大家在惊讶之余似乎也领悟到了什么。在后来的日子里，大家对他的态度似乎好多了，再也没有人敢未经他的同意便轻易地拿走他的东西了。

人生在世，待人接物，和颜悦色、与人为善并没有错，因为大多数情况下，善良的人还是占多数的，大家还是可以和和气气地相处的。然而，工作、生活中也少不了各种各样的矛盾，但矛盾只要不是很尖锐，更多的还是相安无事。所谓凡事好商量，有话好好说，都是人们待人接物中常有的温和态度和常用的退让方法。

但是，这并不是让二十几岁的年轻人在任何时候都采用温和的手段，社会上有的人就是欺软怕硬、得寸进尺，把你的妥协退让当成软弱可欺。你越是好言相劝，苦口婆心地讲道理，他越是不依不饶。在这样的情况下，就不应该继续当好人了，而是应该采取强硬的态度和手段。

不以卵击石，在后退中积蓄成功的力量

《老子》第三十六章写道："将欲歙之，必固张之；将欲弱之，必固强之；将欲废之，必固兴之；将欲夺之，必固与之。"老子这句话体现出卓越的变通思想，为了捉住敌人，首先要放纵敌人，放长线才能钓大鱼。

世间之事，有些贵在神速，有些则需放慢脚步，有时甚至需要向后退一步。"缓兵之计"中的"缓"就是后退的意思。后退是一种暂时的妥协，并不是怯懦，而是调整，是要为下次的进攻赢得缓冲的时间。

汉惠帝六年，相国曹参去世。陈平升任左丞相，安国侯王陵做了右丞相，位在陈平之上。

王陵、陈平并相的第二年，汉惠帝死，太子刘恭即位。少帝刘恭还是个婴儿，不能处理政事，吕太后名正言顺地替他临朝，主持朝政。

吕太后为了巩固自己的统治，打算封自己娘家的侄儿为诸侯王，首先征询右丞相王陵的意见。王陵性情耿直，直截了当地说："高帝（刘邦的庙号）在世时，杀白马和大臣们立下盟约，非刘氏而王，天下共击之。现在立姓吕的人为王，违背了高帝的盟约。"

吕后听了很不高兴，转而征询左丞相陈平的看法。陈平说："高帝平定天下，分封刘姓子弟为王，现在太后临朝，分封吕姓子弟为王也没什么不可以。"吕后点了点头，十分高兴。

散朝以后，王陵责备陈平为奉承太后愧对高帝。听了王陵的责备，陈平一点儿也不生气。

陈平看得很清楚，在当时的情况下，根本不可能阻止吕后封诸吕为王，只有保住自己的官职，才能和诸吕进行长期的斗争。因此，眼前不宜触怒吕后，暂且迎合她，以后再伺机而动，方为上策。

事实证明，陈平采取的策略是高明的。吕后恨直言进谏的王陵不顺从她的旨意，假意提拔王陵做少帝的老师，实际上夺去了他的相权。

王陵被罢相之后，吕后提升陈平为右丞相，同时任命自己的亲信辟阳侯审食其为左丞相。陈平知道，吕后狡诈阴毒、生性多疑，栋梁之臣如果锋芒太露，就会因为震主之威而遭到疑忌，导致不测之祸，必须韬光养晦，使吕后放松对自己的戒备，才能保住自己的地位。

吕后的妹妹吕须恨陈平当初替刘邦谋划，擒拿她的丈夫樊哙，多次在吕后面前进谗言：“陈平做丞相不理政事，每天老是喝酒，和侍女玩乐。”

吕后听人报告陈平的行为，喜在心头，认为陈平贪图享受，不过是个酒色之徒。一次，她竟然当着吕须的面，对陈平说：“俗话说，妇女和小孩子的话，万万不可听信。您和我是什么关系，用不着怕吕须的谗言。”

陈平将计就计，假意顺从吕后。吕后封诸吕为王，陈平无不从命。他固守相位，暗中保护刘氏子弟，等待时机恢复刘氏政权。

公元前 180 年，吕后一死，陈平就和太尉周勃合谋，诛灭吕氏家族，拥立代王为孝文皇帝，恢复了刘氏天下。

陈平可谓是在“后退中积蓄力量”的典型例子。正因为他不以卵击石，表面服从，暗中积蓄力量，才有了后来灭吕氏家族而恢复刘氏的局面。

实力悬殊的情况下，“以卵击石”并不是明智之举。所以，二十几岁的年轻人行事万不可冲动，在“大兵压境”时，可先暂时采取保守后退的姿态与做法，在保守、后退中创造条件、积蓄力量。即便受点委屈，只要保住了实力，就是好的。待到条件和力量具备，时机成熟时，再“发起进攻”，就好像拳击比赛中运动员先将拳头向后缩回，不是懦弱逃避，而是为了更有力地挥拳出击。

中国著名政论家、出版家邹韬奋说：“有志于某种事业者，与其临渊羡鱼，毋宁退而结网。结网无他，即对于某种事业所需要的能力加以充分准备。”生活的智者们不会在形势不利于自己的时候去硬拼硬打，他们会先“退一步”，为自己积蓄力量赢得机会，从而可以“前进十步”。这也是二十几岁的年轻人应该学习的。

外露的聪明不如深藏的智慧

《道德经》中说：“绝圣弃智，民利百倍。”充分表明老子反对标榜圣人，反对卖弄智慧的思想。老子认为，人们如果不卖弄聪明才智，本来还会有和平安静的生活，但这种平静却被一些标榜圣人、标榜智慧的“才智之士”搅乱了。世人都渴望聪明，但是他们不知道，有太多的人为聪明所累、所误。

《红楼梦》中，一曲《聪明累》暗示了王熙凤的命运和结局，人们一方面惊叹于她治家的才能、应付各色人等的技巧，一方面又感慨于她悲惨的人生结局。她就是因“心机”太重而遭悲惨结局的典型。

“聪明反被聪明误”这句话，点出了很多人失败的根源。的确，一个人太聪明难免会遭到别人的嫉恨和非议，甚至引来祸端。历史上和现实生活中的这种例子比比皆是。三国时期的杨修就是因喜欢卖弄聪明而最终遭祸的。

杨修是曹操门下掌库的主簿。此人生得单眉细眼，貌白神清，博学能言，智识过人。但他自恃其才，竟小觑天下之士。

一次，曹操令人建一座花园。快竣工了，监造花园的官员请曹操来验收察看。曹操参观完花园之后，是好是坏、是褒是贬没说，只是拿起笔来，在花园大门上写了一个“活”字，便扬长而去。一见这情形，大家犹如丈二和尚，摸不着头脑，怎么也猜不透曹操的意思。杨修却笑着说道：“门内添‘活’字，是个‘阔’字，丞相是嫌园门太阔了。”官员认为杨修说得有道理，立即返工重建园门，改造停当后，又请曹操来观看。曹操一见重建后的园门，不禁大喜，问道：“是谁猜透我的意思？”左右答道：“是主簿杨修。”曹操表面上称赞杨修聪明，其实内心已开始忌讳了。

又有一次，塞北送来一盒酥饼给曹操，曹操没有吃，只是在礼盒上亲笔写了三个字“一合酥”，放在案头上，自己径直出去了。屋里其他人有的没有理会这件事，有的不明白曹丞相的意思，不敢妄动。这时正好杨修进来看见了，便走向案头，打开礼盒，把酥饼一人一口分吃了。曹操进来见大家正在吃他案头的酥饼，脸色一变，问：“为何吃掉了酥饼？”杨修上前答道：“我们是按丞相的吩咐吃的。”“此话怎讲？”曹操反问道。杨修从容地应道：“丞相在酥盒上写着‘一人一口酥’，分明是要赏给大家吃，难道我们敢违背丞相的命令吗？”

曹操见又是这个杨修识破了他的心意，表面上乐呵呵地说："讲得好，吃得对，吃得对！"其实内心已对杨修产生厌恶之感了。可杨修还以为曹操真的欣赏他，所以不但没有丝毫收敛，反而把心智全部用在捉摸曹操的言行上，并不分场合地卖弄自己的小聪明，从而也不断地给自己埋下了祸根。

曹操与刘备对垒于汉中，两军相持不下。曹操见连日阵雨，粮草将尽，又无法取胜，心正烦恼。这时士兵来问晚间的口令，曹操正呆呆看着碗内鸡肋思想进退之计，便随口答道：鸡肋！

当"鸡肋"这个口令传到主簿杨修那里，他自作聪明，怂恿兵士们收拾行装准备撤兵。兵问其故。杨修说：鸡肋鸡肋，弃之可惜，食之无味。今丞相进不能胜，恐人耻笑，明日必令退兵。于是大家都相信了。这件事被曹操知道后，曹操便以蛊惑军心之名砍了杨修的头。

杨修之智，实非大智慧，其修养、其境界、其为人处世之道，皆非成大事者。可见，过于卖弄聪明就会成为众矢之的，而摆正自己的位置，厚积薄发，在适当的时机表现出来，才是成事之道。正如英国著名外交家切斯特·菲尔德所说的那样："要比别人聪明，但不要让他们知道。"外露的聪明远不如深藏的智慧更有实际意义。

众所周知，在音乐的世界中，技巧很重要，但不是最重要的，过多的花哨技巧只会减弱情感的表达。人生也是如此，人人都要小聪明，只会让世界繁杂凌乱，绝圣弃智，才能朴实安然地生活。

二十几岁的年轻人应该懂得，摒弃小聪明方能显出大智慧。

人心难懂，要从对方感兴趣的地方入手

人心是难以捉摸的，但是不等于无迹可寻。聪明的人往往能够在很短的时间内就了解对方在想什么、希望得到什么，然后及时地满足对方，这样才能博得对方的好感；也只有这样，才能达成自己的心愿。

能猜度别人心里的想法，且善于投人所好，是成功做人做事的一大奥妙。

清代商人胡雪岩为了抓住左宗棠这个靠山，费尽了心思。在这样的大人物的庇护下做事，尽管利益很多，但也有很多的风险，得小心侍候才行。

左宗棠与太平军交战，需要大量的军费。左宗棠与胡雪岩商量筹洋款事宜，胡雪岩带来了泰来洋行和汇丰洋行的代表。款子是泰来的，但是还需要汇丰出面，左宗棠不解，就问这里边有什么讲究。胡雪岩很会说话，讲道："汇丰是洋商的领袖，只要它出了款子，其他小钱庄就会跟进。这就与刘钦差、杨制台筹饷筹不动，只要左大人登高一呼，马上万山响应，是一样的道理。"

话经胡雪岩这么一说，左宗棠感到很是受用。胡雪岩深知左宗棠好面子的秉性，所以左宗棠问到"要不要海关出票"时，胡雪岩响亮地回答："不要！"原来，洋人借款，为了商业得益，总是要想办法降低风险，避免出现拖欠还款的现象。由于当时中

国海关掌握在外国人手中，所以一般借款，总要中国方面出具海关税票，保证借款能如期归还。这回洋行因为是和“胡财神”打交道，信誉好了，自然不必担心出现问题，所以在海关是否出票一项上，也就没有勉强。

虽然是看在“胡财神”的面子上，胡雪岩却不这么讲。左宗棠问是否只要陕甘出票就可以了，胡雪岩回答：“是。只凭‘陕甘总督部堂’的关防就足够了。”这一回答使左宗棠连连点头，表示满意，感慨道：“唉！陕甘总督的关防，总算也值钱了！”“事在人为，”胡雪岩接过他的话头说，“陕西、甘肃是最穷、最苦、最偏僻的省份。以往除了俄国以外，即使是久住中国的外国人，也不晓得陕甘在哪里。如今不同了，都晓得陕甘有位爵爷，洋人敬重大人的威名。”

胡雪岩这么一捧，左宗棠只觉得自己声名大震，对于捧人的胡雪岩，自然也生出极大的好感，对他的其他活动也就欣然支持了。

不仅在口头上恭维，胡雪岩还非常注意给左宗棠捧场面。左宗棠外放两江总督，中途要在上海停留。胡雪岩提前安排古应春回去活动，联络洋人，在左宗棠抵达上海之际，上海英、法两租界的工部局，以及各国驻沪海军，都以很隆重的礼节致敬。经过租界时，租界派出巡捕站岗，列队前导。尤其是在吴淞口阅兵时，黄浦江的各国兵舰都鸣炮迎接左宗棠。这样一来，左宗棠自然喜不自禁，更加欣赏胡雪岩了。

胡雪岩之所以能得到左宗棠的青睐，就因为他投其所好，采取了一系列让左宗棠满意的措施。

卡耐基说，当你遇到有钱有势的人时，你应该设法让他说往事。过去的工作是否比现在的更有趣，他爬到现在这个地位的关键是什么，谁是早年助他成功的人，当年的老板是否使他紧张，他的百万财富是不是他自己创造的，以及他是怎样赚到他的第一笔钱的……如果某个问题问得他不大自在，你就跳到其他问题上去吧。不要盯着问，那会使他很不愉快的。

如果他不愿意打开他的记忆之门，你就问他的工作时间，问他如何承担那么重大的责任，问他爱好哪些休闲活动，以及怎样布置他的办公室。今天，很多有钱有势的人的办公室，布置得就像豪华气派的皇宫一样，很有一谈的余地。同时记住，当对方是一位医生时，不要忘了他也是血肉之躯，也是一个普通的人，你也可以和他谈谈他的健康问题。男人常喜欢在交易场合谈他们与敌手之间的问题，女人则喜欢在社交场合谈她们的孩子和丈夫。

卡耐基的话告诉二十几岁的年轻人，只有抓住最让对方得意的事情，才能很好地与之交谈，获得他们的喜欢，并最终成为朋友。

放下“身架”，才能抬高“身价”

周星驰的电影票房之所以总能立于不败之地，不是因为他善于演喜剧片，而是因为他是一个“心理学专家”。他懂得，把别人垫高，把自己放低，让别人有了“安全感”，让别人有了“快乐”，让别人有了“自信”，让别人有了“希望”，这样别人才会喜欢你，你才会成功。

陈安之在《看电影学成功》中是这么说的：“一般人是如何获得自信的？是通过比较。你比较好，所以我就没有自信；我比较好，就变成你没有自信，而每一个人都希望得到认同、得到自信。所以，周星驰演的角色，10部片子有9部是演一个常被嘲笑、常被欺辱的人，演一个最被人看不起的人，能让所有人都觉得‘我一定会赢过你’的人，而且，影片最后，周星驰一定会一反弱态，战胜强敌，扬眉吐气……”

这就叫“Tee-up 法则”。Tee 是打高尔夫球用的小支球托，up 就是把它垫高的意思。所有人打高尔夫球，在开杆的时候，都必须插下那个 Tee，才有办法把球打飞起来。这就是 Tee 的作用——把自己放低了（像没有价值），再把对方垫高了（让对方显得高大而有价值），结果自己就成了对方离不开的、最有价值的“Tee”。

结交朋友也是如此，要想与他人保持良好的关系，不光要抬高别人，还要放低自己。福特公司的创始人福特就是一个很会放低自己的人。

1923 年，美国福特公司有一台大型发电机不能正常运转，公司里的几位工程技术人员百般努力都无济于事。福特焦急万分，只好请来德国籍专家斯特罗斯。

斯特罗斯来到福特公司后，爬上爬下地在电机的各个地方静听空转的声音，然后用粉笔在电机左边一个长条状的地方画了两道线。

“毛病出在这儿，”斯特罗斯对福特说，“多了 16 圈线圈，拆掉多余的线圈就行了。”

技术人员照此一试，电机果真奇迹般运转了。

大家对斯特罗斯表示非常感谢。

“不用谢了，给我 1 万美元就行了！”斯特罗斯说。

“天哪！画条线就要 1 万美元？”技术人员大吃一惊。

“是的！”斯特罗斯说，“粉笔画一条线不值 1 美元，但知道该在哪里画线的技术值 9999 美元！”

福特不仅愉快地付了 1 万美元酬金，并且表示愿用高薪聘请他。可是斯特罗斯毫不心动，他说现在的公司对他有恩，他不能见利忘义背叛公司。

福特一听，干脆花巨资把斯特罗斯所在的公司整个买了下来。

福特清楚成大事者必须以人为本，而斯特罗斯就是他取得更多财富的无价之“宝藏”。为了留下这座“宝藏”，福特不惜花巨资买下了他所属的公司。可见，正是福特的放下身架，才提高了福特公司的“身价”。

历史上也有很多这样放下“身架”，抬高“身价”的例子。刘备为求得千古难遇的人才，三顾茅庐，感动得诸葛亮忠心耿耿，为蜀国的发展，鞠躬尽瘁，死而后已；张良为学到失传的兵书，三次起早摸黑去桥边等候，才得到了运筹帷幄、克敌制胜的《太公兵法》。

现代社会也是如此。二十几岁的年轻人，如若想要别人喜欢你，就要放下架子，以诚恳平易的心态对待他人，才能够为自己打造融洽的人际关系，赢得好人缘。

主动示弱，赢取人心

主动示弱不是无能，而是一种机敏的为人处世之道。名声高了会令旁人尤其是令居上位者不安，那样只会为自己招致麻烦。

汉朝时，卫青的姐姐卫皇后受宠于汉武帝，再加上卫青本人骁勇善战，深得汉武帝之心，被任命为大将军，封为长平侯，率大兵攻打匈奴。右将军苏建在与匈奴作战中全军覆没，单身逃回，按军律当斩。

卫青问众属官：“苏建应当如何处置？”

议郎周霸说：“大将军出兵以来，从未斩过一名偏将小校，如今苏建弃军逃回，正可斩苏建的头，来立大将军之威。”

卫青说：“我因是皇上的亲戚而带兵出塞，并不怕立不起军法的威严，你劝说我杀人立威，却失掉了做臣子的本分。我的权限虽可以斩杀大将，然而我把专杀大将的权力还给皇上，让皇上来决定是否诛杀，这不是更好吗？”

属官们都钦佩地说：“大将军高见，属下等万万不及。”

卫青便派人把苏建押回长安，汉武帝对卫青的处置大为满意。

汉武帝并没有杀苏建，苏建后来又跟随卫青出塞攻打匈奴，他劝卫青说：“大将军的地位是至尊至重了，可是天下的贤士名人却没人夸赞传扬您的威名，古时的名将都向朝廷推荐贤良才能之士，自己的名声也传遍四海，希望大将军能学习古时名将的做法。”

卫青摇头说：“武安侯田蚡、魏其侯窦婴各自招揽宾客，结成朋党，以颂扬自己的名声，皇上常常恨得咬牙切齿。亲近贤士名人、进用贤良、贬黜不肖，这都是皇上的权力，我做臣子的，只知道遵守国法，履行自己的职责而已。”

汉武帝因此更加宠爱卫青，下令群臣见到卫青都要行跪拜礼，以显示大将军的尊贵。

群臣都不敢抗旨，见到卫青无不匍匐跪拜，只有主爵都尉汲黯见到卫青，依然行平揖礼。有人好意劝汲黯："对大将军行跪拜礼乃是皇上的意思，您这样做不怕皇上恼怒吗？"

汲黯昂然道："跪拜大将军的多了，多我一个不多，少我一个不少。难道说大将军有一个平礼相交的朋友，就不尊贵了吗？"

卫青听说后，非常高兴，登门拜访汲黯，谦虚地说："久仰大人威名，一直没有机会和大人结交，今幸大人看得起，请把我当您的朋友吧。"

汲黯见他态度诚恳，不以富贵骄人，便破例交了这个朋友，卫青以后凡有疑难问题，都虚心向汲黯请教。

盛名只会使人不安，使身边的人远离，使谄媚者蜂拥而至，主动示弱可以避免上述情况出现，是处世成功之道。而卫青之所以能受到汉武帝的宠爱，原因也正在于此。

主动示弱可以减少乃至消除他人的不满或嫉妒，而且还能使处境不如自己的人保持心理平衡，有利于在与人交往时掌握主动。

二十几岁的年轻人要知道，懂得主动示弱是人际交往中掌握主动权的"灵丹妙药"，也是谦逊为人、低调处世的制胜法宝。

第三章

即使你是一匹千里马，遇到伯乐才能梦想成真

你不是怀才不遇，是没有建立人际关系

在生活中，几乎每个人的身边都有一些时不时感慨怀才不遇的人，整日忙忙碌碌，却始终不得志，时间久了，要么甘于平庸，让才华枯萎；要么成了“祥林嫂”，到处诉说自己受了不公的待遇，没有人欣赏自己。如果有人告诉他们，人生成功机遇的多少与其交际能力和交际活动范围的大小几乎是成正比的。他们却认为，只有那些业务员、记者才是靠人际关系吃饭的，自己并不需要。

事实并不如此，人际关系不仅是业务员、记者们的饭碗，对我们每个人来说，人际关系也是我们发挥才干、通向成功和财富的入场券，是我们重要的资产。如果你感觉自己怀才不遇，也许真的不是你自己的才能没有得以发挥，而是没有让人看到你发挥才干的样子。

人际关系其实就是一种资源，这也是各行各业人士日益重视的财产，就连好莱坞那些大牌明星都这样认为：“你是否有成功

的机会，不在于你知道谁，关键是你认识谁、你跟谁有过交往，你演好戏的机会就可能比别人多很多。”

美国电影明星柯克·道格拉斯曾经三度获得奥斯卡金像奖提名，两度入围艾美奖。1996 年，也就是他从影 50 年时，他获颁一座特别奥斯卡金像奖，以表彰他对电影界的贡献。可谁也不会想到这样的大明星在年轻时只是一个一文不名的穷小子，生活穷困潦倒，属于那种怀才不遇型的小人物。谁能想到日后他会成为好莱坞璀璨的明星呢？可就在一次旅途中，他的命运悄悄地发生了转折。

有一次，他乘坐火车，因为很无聊，就和邻座的一位女士闲聊了起来。究竟柯克·道格拉斯和这位女士都聊了些什么，我们无从得知，这也不是我们所要关注的重点，我们只要知道他很幸运就够了。几天后，这位落魄的年轻人就被邀请到一家制片厂。从此，柯克·道格拉斯开始了他一帆风顺的演艺事业。原来，邻座的那位女士是好莱坞一位知名的制片人。

道格拉斯的成功除了自己的努力和才能外，恐怕他人的提携也是重要原因，否则他一辈子也许只能混在三流演员中，整天为自己得不到更好的发展而郁郁寡欢。

21 世纪的今天，不管是保险、传媒，还是金融、科技、证券，几乎所有领域，人际关系都起着日益重要的作用。怀“才”固然重要，但人脉更加重要。从某种意义上说，人际关系是一个人通往财富、荣誉、成功之路的门票，只有拥有了这张门票，你的专业知识才能发挥作用。否则，即便你是英雄也无用武之地！

如果你希望自己的才华有用武之地，那么就要有意识地建立自己的人际关系，并不断地去丰富和发展它。不管你有多少才华，如果缺少了人际关系，就不会有成功。当我们拥有好人缘的时候，关键时刻就会有人愿意出手相帮的。

工作10年后，你的才华远不如资源引人注目

你知道吗，那些“世界500强”知名企业，在提拔高层管理者或选拔CEO（首席执行官）时，它们并不只考察选拔对象的个人能力，更重要的是看他有没有过硬的人际关系？不管你相信不相信，现实中，很多世界知名企业的做法就是如此。其实只要深入地想一想，就不难明白为什么了。对一个公司来说，高层管理人员的人际关系，意味着他认识哪些人、有怎样的资源，而这些人和资源，必将左右企业今后的发展。

对于一名CEO来说，他的人际关系比他的能力更重要！因为仅仅看他自己个人具备的知识和经验，那只是他一个人的知识和经验；而他的人际关系，却意味着他所能动员的一切知识和经验。具体地说，一名CEO可能拥有不同的人际关系，而在不同的人际关系中，他的个人价值也有所不同。

这也不难理解，为什么说当你工作10年后，需要向更高的位置跃进时，你会发现你的才华远不如你的资源引人注目。

韩国三星经济研究所旗下的Seri集团的CEO组织，曾在会

员中进行了这样一项调查：你认为成为CEO需要具备的最重要的品德是什么？

最后的结果显示，多数被调查者认为，成为CEO最重要的品德，就是“待人接物”的能力。所谓待人接物的能力，如果用一句话来解释，就是建立和管理人际关系，也就是建立良好人际关系的能力。

如果一个人在人际管理方面能力出众，那就表明，他具备了成长为一个CEO的基础；相反，如果他这方面能力不足，就无法成为CEO或者无法成为一个优秀的CEO。

想做一名成功的企业家，一名在工作上有建树的CEO，毫无疑问，你必须拿出你的“通讯录”，也就是拿你的人际关系来说话！而对于那些成功的管理者来说，他们的人际关系，是他们一生奋斗过程中所积累下的最具优势的资源，其重要性，足以超过他们的种种有形资产。

当然，不是我们每个人都能当上CEO。我们有不同的职业道路、不同的专业选择。那么，对我们这些普通职业者来说，人际关系，又意味着什么呢？

其实，不管职位高低，职场人的价值都取决于一个人的人际关系。职场上流行着这样一句话：“工作中接触人的多少，与一个人工资的多少成正比。”

企业在选择、使用中高级人才时，很看重被考察对象的人际资源。企业在雇用一个人的时候，不仅需要他从人际关系中获取信息，还希望把他的人际关系同企业联系在一起，希望能通过他为公司建立起新的人际关系。

如果我们看看身边，看看那些从同事中脱颖而出、晋升到管理层的职业精英，那些“独挡一面”的人才，我们就会发现，他们不一定是专业能力最强的，但肯定是最善于经营人际关系的人。

这是因为，一个企业的高层管理人员，其工作的主要内容就是将各种对企业发展有价值的人都吸收到企业的“人才库”中，

从而为企业谋求更大的发展空间。如果没有这种能力，他就没有资格承担起更重要的工作任务，这绝对不是危言耸听。

知名成功学家陈安之在研究了世界上100多位成功人士后，得出这样一个结论：成功 =30% 的知识 +70% 的人际关系——陈安之称之为“成功的秘诀”。而美国哈佛大学商学院对成功者的调查结果是这样的：在事业有成的人士中，26%靠工作能力，5%靠家庭背景，而人际关系则占69%。

可能有些人会说，人际关系，对于市场人员、管理人员自然很重要的，而对技术人才来讲，人际关系是可有可无的。有关系固然是好事，没关系也不要紧，专业技术就是最硬的“敲门砖”。

但是，请看一下哈佛大学对贝尔实验室顶尖研究员作的调查。调查人员发现，被大家认同的杰出科研人才，他们的专业能力往往不是重点，相反，“顶尖人才会采用不同的人际策略，多花时间与那些关键时刻可能对自己有帮助的人物结交良好的关系，在面临问题或危机时便容易化险为夷”。

那些表现平平的科研人员，他们遇到棘手问题时，这才想起请教专家，然后因为苦苦等候没有回音而白白浪费时间。而顶尖科研人员则很少碰到这种问题，这是因为他们平时已经建立丰富的资源网，一旦有事请教，立刻便能得到答案。

可见，不论哪一种专业路径，人际交往能力对一个人成就的影响都是极大的。因为现在这个时代，单单拥有超群的个人能力，很难做出大的成绩。不论什么工作，都需要花费大量时间用于“和人打交道”！

如果说人际高手与普通人有什么不同的话，第一个不同就是：那些事业上取得成功的人际高手，平时都把经营人际关系看做自己工作的核心内容。

一般人事到临头才想起找关系，遇到难题才想到从电话薄里翻看谁能帮上忙，开展相关的业务，才想起寻找相关的合作客与客户。而人际高手则不一样，他们随时都在想着“人”和“关系”，随时都在和方方面面的人打交道，即使手头工作再忙，他们也不会忽视周围的人。所以，他们能凭借人际关系为自己创造事业的辉煌！

如果我们也想拥有良好的人际关系，也想像那些成功人士一样，总是有各行各业的众多朋友来帮忙，我们首先应该更新自己的人际关系，把人际关系放到自己工作的核心位置上。

要知道，职场，是对人际关系的作用评价最高的地方，也是最利于建立际关系的地方。只有我们从现在开始做起，随时做个有心人，才能在以后建功立业。

社会不需要独行侠，单打独斗早晚要摔跟头

创业已经成为年轻人毕业后的重要就业途径之一，创业人群也越来越年轻化。对于年轻人来说，最重要的创业经验就是要避免创业中的硬伤——单打独斗，特立独行。“君子生非异也，善假于物也。”孤掌难鸣，独木不成桥。

当今社会是一个人际交往频繁的社会、一个合作的社会，没

有谁能不依靠任何人即在社会上存活，更没有人可以只凭一己之力就获得成功。

每当秋天来临，大雁南飞的时候，为什么整齐的雁群一会儿排成“人”字形，一会儿排成“一”字形？因为这是最省力的团队飞翔方式。

雁群以“一”字形或“人”字形列阵飞翔时，后一只大雁的一翼能够借助前一只大雁鼓翼时产生的空气动力，使飞行省力。当飞行一段距离后，左右交换位置是为了使另一侧的羽翼也能借助空气动力缓解疲劳。

这样，消耗同样的体力，雁群飞翔比孤雁单飞增加了70%的飞行距离。而当一只孤雁即将脱离队伍时，它马上就会感到有股动力阻止它离开，借着前一个伙伴的“支持力”，它很快就能回到队伍中。

更重要的是，当一只大雁生病了，或是因枪击而受伤脱队时，另外两只大雁就会主动脱队跟随它，帮助并保护它。它们跟着落下的那只大雁一起落到地面，直到它能够再次飞翔或者死去，另外两只大雁才会飞走，或随着另一队大雁赶上它们自己的队伍。

正是由于为了共同的目标而相互协作，雁群才能够越过万水千山，最终回到它们的栖息地。

像大雁一样，人同样是群体动物，离开了群体，人就不能健康成长。

群居是人类的特性，现代人同样离不开群体，而且群体的组织形式也越来越发达。除家庭、社区外，还有学校、工厂、公司、军队、政府部门等具有严密组织的社会群体。随着现代社会分工越来越细，社会作为功能交换的体系越来越发达。个人对群体的依赖虽然如旧，但个人对群体的选择性却越来越强。通过对群体的选择和确定，个人可以不断发掘自己的潜力，发挥自己的才能，拓展自己的发展空间。

信息社会的一大特点是人与人之间的联系交流增多，人们可以通过各种途径增加交往的机会。发达的交通工具、便捷的通讯网络等都让人与人之间的交往成为可能。而年轻人适应社会和认识社会最好的方法就是加入某个社会群体，承担社会责任，与社会相融合。只要你想生存、想成功，你就离不开合作。

雁群的事例告诉我们，单打独斗很难达到我们的最终目的。只有多与他人合作，才能少摔跟头，早日到达我们的目的地。

不仅在动物界如此，精诚合作、集思广益对于人类来说也是很了不起的。它不仅可以创造奇迹，开辟前所未有的新的天地，也能激发人类的潜能，即使面对人生再大的挑战都不畏惧。

笨人才认为“一切靠自己”

北美有一种生存时间最长、最具生命力的植物——红杉。它之所以生命力如此顽强，就是因为它的生存隐含了一种“团队合作”的力量。这种力量坚不可摧！

美国加州的红杉，其高度大约是 90 米，相当于 30 层楼高。

科学家深入研究红杉，发现许多奇特的现象。一般说来，越高大的植物，它的根理应扎得越深。但科学家却发现红杉的根只是浅浅地植于地表而已。理论上，根扎得不够深的高大植物是非常脆弱的，只要一阵大风就能将它连根拔起，可红杉又为何能长得如此高大且屹立不倒呢？

研究发现，必定是一大片的红杉生长在同一个地方，并没有独立生长的红杉。这大片红杉彼此的根紧密相连，一株连着一株，结成一大片。自然界中再大的飓风，也无法撼动几千株根部紧密连接、占地超过上千公顷的红杉林。除非飓风强到足以将整块地皮掀起，否则没有任何自然力量可以动红杉分毫。

红杉的浅根，也正是它能长得如此高大的利器。它的根植于地表，方便、快速而大量地吸收赖以生长的水分，使红杉得以迅速生长，同时，它也不需耗费能量，像一般植物扎下深根，用深根的能量来使它向上生长。

既然连植物都因“合作”而增强生命力，而永存，为什么人类就不可以呢？成功不能只靠自己，成功需依靠别人，只有获得更多帮助，你自己才能更成功。

作为社会中的一员，谁也不能总是单独行动，有些事情靠一个人的力量是无法完成的。因为每个人的能力总是有限的。只有那些没有自知之明的人，才想着一切靠自己。

有些人精力旺盛，认为没有自己做不到的事。其实，精力再充沛，个人的能力还是有限的。超过这个限度，就是人所不能及的，也就是你的短处了。每个人都有自己的长处，同时也有自己的不足，这就要与人合作，用他人之长补己之短，养成合作的习惯。

从前，有两个饥饿的人得到了一位长者的恩赐：一根渔竿和一篓鲜活硕大的鱼。其中，一个人要了一篓鱼，另一个人要了一根渔竿，于是，他们分道扬镳了。

得到鱼的人原地就用干柴燃起篝火煮起了鱼，他狼吞虎咽，还没有品出鲜鱼的肉香，转瞬间，连鱼带汤就被他吃了个精光，过了一段日子，他便饿死在空空的鱼篓旁。另一个人则提着渔竿继续忍饥挨饿，一步步艰难地向海边走去，可当他已经看到不远处那蔚蓝色的海洋时，他用尽了浑身最后一点力气，也只能带着无尽的遗憾撒手人间。

又有两个饥饿的人，他们同样得到了长者恩赐的一根渔竿和一篓鱼。只是他们并没有各奔东西，而是商定共同去找寻大海。他俩每次只煮一条鱼，他们经过遥远的跋涉，来到了海边，从此，两人开始过上以捕鱼为生的日子。几年后，他们盖起了房子，有了各自的家庭、子女，还有了自己建造的渔船，过上了幸福安康的生活。

这个故事告诉我们，在面临困境时，依靠自己的力量很难摆脱困难。只有合作，产生一种“合力”，才能推动你渡过难关。克雷洛夫说过：“一燕不能成春。”一个人无论多么优秀，如果离开别人的配合，就无法把自己的事情做好，也无法在未来的社会中立足。我们的社会是由各怀特长的人共同组成的，每个人都有自己的优点，都是不可取代的，只有相互合作、取长补短，才能够共同取得成功。

人在社会中，独木难成林

一堆沙子是松散的，可是它和水泥、石子、水混合后，却比花岗岩还坚硬。

《水浒传》中，梁山好汉分工明确，有总指挥，有总策划，有管后勤的，有管保养的，有专门作战的勇士。在作战的群体中，也有打先锋的，有打主力的，有接应的，甚至还有探路的、养马的、治病的、看管犯人的、写书的、送信的……所有人各司其职，才能让梁山军马威震天下。

在各路好汉没上梁山之前，尽管都身怀绝技，但是谁也不能很好地生存下去，就是因为缺少合作。只有在一个统一的平台上，分工协作，才能将各自的优势发挥出来，才可能成就一番事业。

一个出色的球队，并不是几个大腕球星就能支撑起来的，取得好成绩还需要一个好教练，需要提供大量资金的老板，需要坚实稳定的替补球员。

哲学家叔本华曾经说过："单个的人是软弱无力的，就像漂流的鲁宾孙一样，只有同别人在一起，他才能完成许多事业。"而科学家卢瑟福也说过："科学家不是依赖于个人的思想，而是综合了几千人的智慧，所有的人想一个问题，并且每人做它的部分工作，添加到正建立起来的伟大知识大厦之中。"

国内有一家合资企业招聘中层管理人员，12 名优秀的应聘者经过初试，从上百人中脱颖而出，闯进了由公司经理把关的复试。

经理看过这 12 个人详细的资料和初试成绩后相当满意。但是，此次招聘只能录取 4 个人，所以，经理给大家出了最后一道题。经理把这 12 个人随机分成甲、乙、丙三组，指定甲组的 4 个人去调查本市婴儿用品市场，乙组的 4 个人调查妇女用品市场，丙组的 4 个人调查老年人用品市场。经理解释说："我们录取的人是用来开发市场的，所以，你们必须对市场有敏锐的观察力。让大家调查这些行业，是想看看大家对一个新行业的适应能力，每个小组的成员务必全力以赴！"临走的时候，经理补充道："为避免大家盲目开展调查，我已经叫秘书准备了一份相关行业的资料，走的时候自己到秘书那里去取！"

3 天后，12 个人都把自己的市场分析报告送到了经理那里。经理看完后，站起身来，走向丙组的 4 个人，分别与之一一握手，并祝贺道："恭喜4位，你们已经被本公司录取了！"经理看见大家疑惑的表情，呵呵一笑，说："请大家打开我叫秘书给你们的资料，互相看看。"原来，每个人得到的资料都不一样，甲组的4个人得到的分别是本市婴儿用品市场过去、现在和将来的分析，其他两组的也类似。经理说："丙组的4个人很聪明，互相借用了对方的资料，补全了自己的分析报告。而甲、乙两组的8个人却分别行事，抛开队友，各干各的。我出这样一个题目，其实最主要的目的是想看看大家的团队合作意识。甲、乙两组失败的原因在于，你们没有合作，忽视了队友的存在。要知道，团队合作精神才是现代企业成功的保障！"

现代社会是一个崇尚分工合作的社会，一个人的能力再强，也不能包打天下，对于个人来讲，明智且能获得成功的捷径就是充分利用团队的力量。

微软中国研发部的总经理张湘辉博士说："如果一个人是天才，但其团队合作精神比较差，这样的人我们不要。中国IT业有很多年轻聪明的人才，但团队精神不够，所以每个简单的程序都能编得很好，但编大型程序就不行了。微软开发WindowsXP时有500名工程师奋斗了两年，有5000万行编码。软件开发需要协调不同类型、不同性格的人员共同奋斗，缺乏领军型的人才、缺乏合作精神是难以成功的。"

随着知识经济的到来，竞争日趋紧张激烈，各种新技术、新知识不断涌现，市场需求越来越多样化，使得现代企业管理面临的环境和情况越来越复杂。在很多时候，单靠一个人的力量是难以完成对各种错综复杂信息的处理和解决的，更不可能采取切实、高效的行动，这就需要依赖组织成员之间的相互合作、协调行动，以解决各种复杂的难题，保持组织的应变能力和源源不断的创新能力。

人是群居性的动物，每个人都在社会这个大家庭中生活，彼此隔绝是不可能的，每个人都需要团队，每个人都需要合作。“滴水不成海，独木难成林”，只有团队之间真正地合作，才会汇成一股强大的力量，实现最终的目标。

成功人士的共同特征：善于向他人求助

一个人不能单凭自己的力量完成所有的任务，战胜所有的困难，解决所有的问题。须知借人之力也可成事，善于借助他人的力量，既是一种技巧，也是一种智慧。

《圣经》中有这样一则故事：

当摩西率领以色列子孙们前往上帝那里要求赠予他们领地时，他的岳父杰罗塞发现，摩西的工作实在超过他所能负荷的。如果他一直这样的话，不仅仅是他自己，大家都会有苦头吃。于是杰罗塞就想办法帮助摩西解决问题。他告诉摩西，将这群人分成几组，每组 1000 人，然后再将每组分成 10 个小组，每组 100 人，再将 100 人分成两组，每组 50 人。最后，再将 50 人分成 5 组，每组 10 个人。然后杰罗塞告诫摩西，要他让每一组选出一位首领，而且这个首领必须负责解决本组成员所遇到的任何问题。摩西接受了建议，并吩咐负责1000人的首领，只有他才能将那些无法解决的问题告诉自己。自从摩西听从了杰罗赛的建议后，他就有足够的时间来处理那些真正重要的问题，而这些问题大多数只有他自己才能够解决。简单一点说，杰罗塞教给摩西的，其实就是要善于利用别人的智慧，善于调动集体的智慧，用别人的力量帮助自己克服难题。

很多事情就是这样的，当我们无力去完成一件事时，不妨向身边可以信任的人求助，也许对我们来说费力不讨好的事情，对他们来说却可能不费吹灰之力就能轻松“搞定”。与其自己苦苦追寻而不得，不如将视线一转，呼唤那些有能力解决问题的人，这样赢取胜利的过程自然会顺利不少。

一个小男孩在沙滩上玩耍。他身边有他的一些玩具——小汽车、货车、塑料水桶和一把亮闪闪的塑料铲子。他在松软的沙滩上修筑公路和隧道时，发现一块很大的岩石挡住了去路。

小男孩企图把它从泥沙中弄出去。他是个很小的孩子，那块岩石对他来说相当巨大。他手脚并用，使尽了全身的力气，岩石却纹丝不动。小男孩一次又一次地向岩石发起冲击，可是，每当他刚把岩石搬动一点点的时候，岩石便又随着他的稍事休息而重新返回原地。小男孩气得直叫，使出吃奶的力气猛推猛挤。但是，他得到的唯一回报便是岩石滚回来时砸伤了他的手指。最后，他筋疲力尽，坐在沙滩上伤心地哭了起来。

这整个过程，他的父亲在不远处看得一清二楚。当泪珠滚过孩子的脸庞时，父亲来到了他的跟前。父亲的话温和而坚定：“儿子，你为什么不用上所有的力量呢？”男孩抽泣道：“爸爸，我已经用尽全力了，我已经用尽了我所有的力量！”“不对，”父亲亲切地纠正道，“儿子，你并没有用尽你所有的力量，你没有请求我的帮助。”说完，父亲弯下腰抱起岩石，将岩石扔到了远处。

不要羞于向强者求助，有时对自己来说是天大的难事，对强者而言不过只是动动手指头而已。甚至在另外一些时候，即使是敌人，也可为己所用。

借人之力，这是一种智慧。尤其对自己所欠缺的东西，更需要多方巧借。善于借助别人的力量，善于利用别人的智慧，广泛地接受多家的意见，多和不同的人聊聊自己的构想，多倾听别人的想法，多用点脑子来观察周遭的事物，多静下心来思考周遭发生的一些现象，将让你受益匪浅。

正如奥地利著名作家斯蒂芬·茨威格说的："一个人的力量是很难应付生活中无边的苦难的。所以，自己需要别人帮助，自己也要帮助别人。"所谓孤掌难鸣，独木不成桥，在这个世界上没有完美的人，巧妙地借助他人的力量，自然会有事半功倍的效果。

个人主义在现代社会早就落伍了

有些人缺乏合作精神，遇事喜欢单打独斗，喜欢单枪匹马行天下。他们对于"吃自己的饭，流自己的汗"的气概很是欣赏。于是，为了实现自己的理想，达到自己的目的，就不择手段，单枪匹马上阵，生怕别人抢了自己的功，把自己淹没，往往以失败告终。

在非洲丛林中，号称丛林之王的狮子往往长期处于饥饿之中，是什么原因呢？答案就是狮子捕猎的时候都是独来独往。而丛林里另一种食肉动物——鬣狗，则是成群活动，大的鬣狗群有数百只，小的也有几十只，它们很少自己猎食，而是等狮子把猎物杀死以后，从这个丛林之王嘴里抢食！

虽然单个鬣狗对于强大的狮子来说根本不值一提，可是成群的鬣狗团结起来却让这个丛林之王却步——争夺的结果，往往是狮子在旁边看鬣狗分享自己辛苦狩猎的成果，等到鬣狗吃完了拣一些残羹冷炙聊以果腹。

生活中有这么一种人，他们像狮子一样，能力超群、才华横溢，自以为比任何人都强，连走路的时候眼睛都往上看。他们藐视人生规则，不把朋友的忠告当回事，甚至连长辈的意见也置若罔闻，在以团队合作为主的人群里，他们几乎找不到一个可以合作的朋友。

独木难成林，再优秀的人，如果不能与团队合作，也难取得成功。在企业中，我们不难发现那种很有才华但喜欢吃独食的人，这样的人让企业的管理者非常苦恼。

一位总经理提到自己当年在某大公司做策划部主任时，遇到了一个非常没有团队意识的员工，他说："我的部门里有这样一个年轻人，极为聪明，他的策划案非常有新意，点子也非常多，但是当公司开策划会的时候，他从来不主动发言，你问到他头上，他也不一次把所有想法都说出来。可你要求他自己出策划案时，那些火花、创意，又让你不得不承认他做得漂亮。他总是自以为是，而且公开宣称他的创意不能给别人。我跟他谈过几次，一个部门的成就是大家一起缔造的，在一个集体里没有与自己无关的事。可他说，不是分内的事为什么要替别人操心，唉，人是聪明人，就是没有团队意识。"

这样的人个人意识特别强，其个人发展不顺利是再正常不过了。与团队意识相对立的就是个人英雄主义，这样的人一味地追求个人卓越，而忽视或无视团队的成败。但是创意只有在碰撞中才会产生耀眼的火花，个人意识太强的人不会与别人产生碰撞，也不会有团队的创意。因此，尽管他很聪明，但他的优秀就长远来看也只是昙花一现的。

史蒂夫 22 岁就开始创业，从白手起家打天下，到拥有 2 亿多美元的财富，他仅仅用了 4 年时间，因此不能不说史蒂夫是一个创业天才。然而，史蒂夫却因为从来都独来独往、拒绝与人团结合作而吃尽了苦头。

他骄傲、粗暴，瞧不起手下的员工，像一个国王高高在上，他手下的员工都像躲避瘟疫一样躲避他，很多员工都不敢和他同乘一部电梯。因为他们害怕还没有出电梯就已经被史蒂夫炒了鱿鱼。就连他亲自聘请的高级主管——优秀的经理人、原百事可乐公司饮料部总经理斯卡利都公然宣称："苹果公司如果有史蒂夫在，我就无法执行任务。"

由于二人水火不容，董事会必须在他们之间决定取舍。当然，他们选择的是善于团结员工、和员工拧成一股绳的斯卡利，而史蒂夫则被解除了全部的领导权，只保留董事长一职。

对于苹果公司而言，史蒂夫确实是立下了汗马功劳，是一个才华横溢的人才，如果他能和手下员工们团结一心，相信苹果公司是战无不胜的。可是他却选择了孤立独行，这样他就成了公司发展的阻力，才华越出众，对公司的负面影响就越大。所以，即使是史蒂夫这样出类拔萃的老员工，如果没有团队精神，公司也只好忍痛舍弃。

随着企业规模的日益庞大，企业内部分工也越来越细，任何人，不管他有多么优秀，仅仅靠个体的力量来发展整个企业都是不可能的。所以，现在世界各大优秀企业，包括世界500强这样的顶级企业，都在强调职工要具有良好的团队精神。

一个员工，只有充分地融入整个企业、整个市场的大环境当中，他的能力才能充分地发挥，才能创造更大的经济效益。

协作才能发展，协作才能胜利，这已经成为今天很多企业领导者的共识。合作产生的力量不是简单的加权，团队的力量远远大于一个优秀人才的力量，协作的力量要大于每一个人力量的总和。

拿破仑带领法国军队进攻马木留克城的时候，一向所向披靡的法国军队遭到了顽强的抵抗。原来马木留克兵都很高大，一个法国士兵根本打不过一个马木留克士兵。后来法国人发现，两个法国士兵就可以打过两个马木留克兵，而一群法国士兵就可以胜过一群马木留克兵。原来，马木留克兵虽然高大强悍，却不重视合作，作战时都只顾自己打，同伴之间缺少接应。于是，法国士兵调整战术，避免跟他们单打独斗，靠着相互协作，最终击败了马木留克兵。

有的人说 1+1 ＞ 2，团队有那么大的力量吗？让我们再来看看“蚁团效应”。

蚂蚁是自然界最团结的动物，这种团结在遇到危机的时候表现得最充分。当蚂蚁的巢穴面临洪水的威胁，它们的生命系于一线时，它们会牢牢地聚在一起，形成一个巨大的蚁团。当洪水袭来，蚁团外围的蚂蚁被洪水无情地卷走了，这些蚁团被一层层地掀下来，但是仍有部分蚂蚁幸存下来。同样，当大火袭来，它们也是采取这种方法，虽然外围蚂蚁一个个牺牲，但是这个蚁团并不散开。这就是著名的“蚁团效应”！

团队里的每一个成员都要有这种蚁团精神，凝聚在一起，那么就没有过不去的坎，就没有克服不了的困难。

团结就是力量，就是战斗力，所以很多公司都将团结意识作为衡量员工的标准之一。摒弃不合时宜的个人主义吧，把个人的目标融入集体中，单枪匹马闯天下的时代已经过时，现在需要的是合作。

关键时刻，背后的人际关系决定你的命运

汉高祖刘邦的妻子吕后曾辅佐丈夫平定天下、治理国政，表现出非凡的政治才能与不同凡响的政治手腕。她在保住儿子刘盈的太子之位时，没有依靠夫妻之情、父子之情，而是给太子打造了一张强有力的人脉网，才保全了她们母子的地位。

刘盈性格仁弱，得不到父亲钟爱，所以吕后很为儿子的地位担忧。刘邦的另一位宠妃戚姬生了一个儿子，刘邦视若掌上明珠，

起名如意。

戚姬理直气壮地认为，既然她是皇帝最爱的女人，那么她理所当然地要取代吕后成为皇后，她的儿子也应该成为太子。

刘邦经常抱着戚姬的儿子说："唉，只有如意才最像我的儿子呀。"

刘盈的确不像刘邦的儿子，他看到刘邦这个父亲就怕得要命，刘邦见刘盈这副样子就更加讨厌他，一直希望改立如意为太子。

戚姬有了刘邦这种有意无意的纵容，就更加肆无忌惮，向吕后动刀子了。而吕后也不得不逼着自己强大起来，才可以保护自己的孩子。她利用自己多年的政治远见和手段派叔孙通向刘邦说明不废立太子的理由。叔孙通据理力争，延缓了废太子事件的进程。

但是，吕后明白，自己母子的命运都掌握在刘邦手里，而现在凭着夫妻、父子之情，已经无法打动刘邦，想要取悦已经冷落她多年的刘邦，保住儿子的地位，只有通过增强自己的实力，在朝廷中扩大自己的影响力，使自己的政治圈子越来越强大。

当时，刘邦最想杀的人是韩信，韩信功高盖主，对大汉江山构成了巨大的威胁。吕后主动提出为刘邦解除这个心头大患，这既出乎刘邦的意外又令他如释重负。他依从吕后的部署，把朝中事务全部交给吕后，等他回来时，韩信已被除去，这使刘邦对这个妻子的能力和智慧刮目相看，从此更为倚重。他没意识到，这对吕后来说意味着什么。从此，他手中的权力悄悄地转向了吕后。

此后，吕后又帮刘邦平定其他阴谋叛乱，在刘邦犹豫时帮他下决断。随着刘邦渐渐老去，赵王如意也一天天长大，刘盈的太子地位更是岌岌可危。

有一天，刘邦与朝中大臣重提改立太子一事，御史大夫周昌表示坚决反对，他说："陛下一定要废太子，臣期不奉诏。"听他这样说，废太子一事就这样搁下了。吕后得知后，就把握时机，积极向朝中大臣寻求支持。

她首先让兄弟建成侯去找张良，张良本不想介入此事，但拧不过成侯一再坚持。同时，张良建议吕泽请当时朝中德高望重的商山四皓出面。经过商山四皓四位长者的教导和潜移默化，刘盈的修养与见识大有长进。有次刘邦在宫中设宴，见刘盈身边的商山四皓，不由大为吃惊，同时暗自惊讶，看来太子羽翼已丰，自己改立太子的初衷是枉费了。通过这件事，刘邦也感觉到，在朝中的大臣们，替皇后办事的竟然比给皇帝办事出力的还要多，直到这个时候，刘邦才如梦初醒，看清多年来一直被他忽视的事实。如今满朝文武，都已经是吕后的人，她的力量已经强到皇帝都动不了她。如今，她的势力已成，自己已经无可奈何，纵然有再多主意和手段，也已经无法施展了。甚至连他最信任的张良与萧何，都成了吕后的人。

公元前 195 年，汉高祖刘邦死于长乐宫，终年六十二岁。太子刘盈顺利登上皇位，吕后成了吕太后。

从这个故事里，我们不难看出，人际关系不仅决定一个人的成败，在关键的时候，它甚至决定一个的人的生死，因此人际关系的重要性不容小窥。实际上，人际关系的力量在于，能够相对低门槛地让一个人进入一个更高层次。

刘盈背后有了强有力的人际关系，他在刘邦眼里的地位已然发生变化，他的命运才没有被刘邦左右。很多时候，一个小人物会因为人际关系有了一定的背景，不再是一个孤立的个体，甚至变成一个大人物，实现人生的价值，人生也变得一帆风顺。命运，其实有时候很难说是在谁的手中。

你身边的5个朋友决定你的财富指数

王尔在大学刚毕业时的薪水是1000元，他的朋友陈涛和贺阳的工资分别是800和600元。王尔觉得自己的工资太低了，想跳槽。但这两个朋友都劝他说："你知足吧，研究生的工资也不过2000元。"在朋友的劝说下，王尔打消了这个念头。

后来，王尔认识了现在的朋友许晋。许晋和王尔学历差不多，但工作两年后他的工资到了6000元。他对王尔说："谁说大学毕业就拿不到高薪？人要自信，只要努力做事。"在许晋的鼓励下，王尔重新规划自己的职业。一年后，王尔的工资涨到了4000元。现在，王尔已经自己开了一家公司。

王尔说："其实，我有今天这样的成就，靠的就是几位好朋友。真的，朋友能决定你的富贵指数。这样的朋友不用多，有5个就够了。有3个做生意上的伙伴，有两个可以和我分享人生和快乐。"

这个例子可以在生活中得到很多印证，因此，有这么一句话，看你身边的朋友就知道你是个什么样的人。

伟大的德国文学家歌德曾经说过：“只要你告诉我，你交往的是些什么人，我就能说出，你是什么人。”心理学研究表明，环境能够改变我们的思维与行为习惯，直接影响到我们工作的效能与生活。主动接近优秀人物，经常和成功人士在一起，有助于我们在身边形成一个“成功”的氛围，在这个氛围中我们可以向身边的成功人士学习正确的思维方法，感受他们的热情，了解并掌握他们处理问题的方法。这样无形之中我们也可以积累办事资本，提升办事能力。

下面是一位百万富翁请教一位千万富翁的对话，通过这个故事可以让我们知道和成功人士在一起的重要作用。

“为什么你能成为千万富翁，而我却只能成为百万富翁，难

道我还不够努力吗？”一位百万富翁向一位千万富翁请教。

“你平时和什么人在一起？”

“和我在一起的全都是百万富翁，他们都很有钱，很有素质……”百万富翁自豪地回答。

“呵呵，我平时都是和千万富翁在一起的，这就是我能成为千万富翁而你却只能成为百万富翁的原因。”那位千万富翁轻松地回答。

由此我们可以看出，造成他们差距的是他们所处的环境不同，也就是说交往的朋友不一样。一位职员曾经向他的老板报怨道：“老板，我真的很苦恼，因为我实在无法激发出我的潜力。”他的老板就告诉他说：“原因只有一个，因为你没有跟成功者在一起。如果你与成功者在一起学习，他们都非常热情，非常有行动力，你跟他们在一起，不行动都不行。”

那些能够为我们带来益处的人往往是那些优于我们自己的人。一位成功学专家认为，“一个最有可能成功的人，他在朋友圈子中的成就应当是最低的。为什么是这样呢？因为只有你的朋友比你强的时候，你才能从交友中获益；假如所有的朋友都没你棒，就不太妙了。”

你所遇到的人，决定你的财运。因此，我们在交往中应尽可能结交优于自己的人，并朝这一目标而努力。如果你想积累财富资本，提升自己的能力，巧妙利用环境因素，在自己周围建立“成功”的氛围，是一个绝好办法。

第四章

死要面子活受罪，别让不好意思害了你

死要面子，活得累

面子乃中国人社会生活的命之所系，很多人为了“脸上有光”而吃尽了苦头。

“饿死事小，失节事大”，看来肚子问题不是人生最大的问题，脸皮比肚子更重要。兵败乌江的西楚霸王项羽，“且籍与江东子弟八千人渡江而西，今无一人还，纵江东父老怜而王我，我何面目见之”，项羽无颜见江东父老，遂拔剑自杀。

人活一张脸，树活一张皮。人吃饭是为了活着，但人活着不是为了吃饭。故而，有权高位重却布衣素食的贤良，这就是尊严与气节。伯夷、叔齐属殷的旧臣，因武王起兵伐纣，便愤而跑到首阳山去吃野菜，发誓“饿死不食周粟”。后有人告之：“普天之下，莫非王土，率土之滨，莫非王臣，你吃的首阳山的野菜，不也是周天子的吗？”伯夷、叔齐后来饿死于首阳山。

男人刮脸，女人美容，油头粉面，眉黛唇红，都是为了面子；揭人不揭短，打人不打脸，也是为了面子。每个人都要面子，无论是有地位的人，还是平常百姓，没有面子，然而，很多人为了脸上有光而吃尽了苦头。

张小姐眼下正忙于结婚，她和男友决定举办一场隆重喜庆的婚礼，买婚纱就成了当务之急。她跑了很多家商场，有的婚纱她不满意，有的合心意却又买不起，她看中的一件法国进口婚纱标价为 28000 元，一般人哪能承受得了！再说，婚纱也许一生只能穿一次，除了富豪之家，谁也不愿意为这一次付出太高的代价。所以很多人都劝她租一套婚纱算了。可是张小姐不愿意因为只穿一次就委屈自己，也不愿意姐妹们夸她婚纱漂亮询问价钱的时候，

说自己的婚纱是租的。于是她执意要花两万多买一套婚纱。而男友因为不想节外生枝，也只能把原先积攒的买房子的钱拿出一部分来，给她买这套昂贵的婚纱。

结婚那天，张小姐穿上买来的婚纱时，自然是引来了姐妹们的一番羡慕，可是一番得意以后，姐妹们散场后各回各家，过自己的生活，张小姐却开始后悔买这么贵的衣服了，也只能把它收藏起来，而自己的房子又得推迟一段时间才能住上。

除了结婚时候讲排场，许多人请客吃饭时也讲面子。什么人该请不该请，什么人再三邀请，什么人只不过是随便请请而已，什么人坐首席，什么人作陪，都得考虑周全。被有面子的人请去吃饭固然有面子，能把有面子的人请来吃饭也同样有面子。请客的人，为了给客人面子，明明是觥筹交错，水陆杂陈，也得说“没有什么菜”；被请的人，明明是味道不适、胃口不佳，但为了给主人面子，也得连连说“好吃好吃”。人家吃了你的，你觉得有面子，吃饭就是吃面子。

婚事大办，请客大办，请人吃饭是掏自己的腰包，自己心疼。死要面子活受罪，仿佛人就是为了面子而活，凡事都要在面子上较劲。

其实，真正体面的人，是务实的人。

春秋时鲁国的季文子就不讲面子，大夫仲孙宅劝他说：“阁下身为鲁国上卿，辅两朝国君，却妾不衣锦，马不食粟，别人会以为你脸上无光，国家脸上也不好看。”季文子说：“我只听说过美德仁政乃国之光华，没有听说小老婆穿得花枝招展，马儿吃得膘肥体壮，国家就有面子。”

如同戴着面具一样，自己有脸却让另一副面孔把自己盖住，游戏可以，做人行吗？唉，面子、面子，真是死要面子活受罪！

死要面子的人一般都是一些胆小怕事者，每说一句话都要考虑别人会怎么看待自己，会不会因为这一句话而伤害某人；每做一件事都要瞻前顾后，生怕因为自己的举动而给自己带来不好的影响。其实，你不可能做到使每个人都满意，而且自己又感觉那么累那么压抑，这是何苦呢？只要不违背常情，不失自己的良心，那么挺起胸膛来做人做事，效果一定会比死要面子来得好。

别为面子沉浸在别人的吹捧中

喜欢赞美是人的天性，但切不可因为面子而一味地沉沦其中。

在生活中，当我们被别人赞扬的时候，要考虑到别人赞扬自己的因素是多方面的，因为爱，就会有偏袒；因为害怕，就会有不顾事实的讨好；因为有求于人，便会有虚夸。历史上，因为不能正确对待他人的赞美而导致失败的例子不胜枚举，最令人扼腕叹息的恐怕就是王安石笔下的方仲永了。

金溪县有个叫方仲永的人，他家世世代代以种田为业。方仲永长到5岁时便能作诗，并且诗的文采和寓意都很精妙，值得玩味。县里的人对此感到很惊讶，慢慢地都把他的父亲高看一等，有的还拿钱给他们。他父亲认为这样有利可图，便每天拉着方仲永四处拜见县里有名望的人，表演作诗，却不让他抓紧学习。到最后，方仲永已与众人无异。

和方仲永不同的是，世界上越是伟大的人物，越能够清楚地认识自己的成功，对待他人的赞美，往往表现出谦虚谨慎的态度，有的甚至还很反感别人赞扬他。英国首相丘吉尔就是一个例子。

在第二次世界大战中，丘吉尔对英伦之护卫有卓越功勋。战后在他卸任时，英国国会拟通过提案，塑造一尊他的铜像置于公园，令众人景仰。

一般人享此殊荣高兴还来不及，丘吉尔却一口回绝。他说："多谢大家的好意，我怕鸟儿在我的铜像上拉屎，还是请免了吧。"

伟大的人物、盖世的功勋只有靠人心才记得住，建造塑像不见得会使你的形象更加伟大，除鸟儿在上边拉屎外，也许有一天还会有碍观瞻呢。

牛顿，这位杰出的学者、现代科学的奠基人，他发现了万有引力定律，建立了成为经典力学基础的牛顿运动定律，出版了《光学》一书，创制了反射望远镜，他还是微积分学的创始人……功绩显赫，光彩照人，可当听到朋友们称他为"伟人"时，他却说："不要那么说，我不知道世人会怎么看我。不过我只觉得自己好像一个孩子在海边玩耍的时候，偶尔拾到几只光亮的贝壳。但对于真正的知识大海，我还没有发现呢。"有这样谦逊好学、永不满足的精神，牛顿的成功是必然的。

古今成大事业、大学问者，正是因为有了能够正确对待他人赞扬的态度和谦逊好学的精神，才达到人生的光辉顶点的。

真正的快乐和地位、面子没有关系

很多人认为有了地位是一件很有面子的一件事情，于是拼其所有去争取无望的地位，岂不知为了这个虚幻的面子，反而失去了生活的很多乐趣。

弗兰西斯·霍勒是沙特王宫的一名外籍家庭教师，主要任务是陪七位小公主阅读英文童话，每年的收入是英国首相布莱尔的40倍。不过，她被解聘了。在重返剑桥读书的那天，有200多名记者云集在圣凯瑟琳学院门口打探内幕，鉴于有协议在先，她回避了所有的提问。

一位陪同小公主阅读童话的人到底出了什么差错？人们有很多猜测。法国的一家报纸说，是因为弗兰西斯和某位王子产生了恋情，在王宫里上演了灰姑娘的故事；德国的一家报纸说，弗兰西斯是被美国安全局买通的一名特工，在传递情报时露了马脚；阿拉伯的一家报纸说，弗兰西斯小姐合同期满，她的离开属正常解聘……总之，众说纷纭，谁也不知道弗兰西斯被解聘的真正原因是什么。

2001年圣诞节，一封来自沙特公主的电子邮件透露了实情。这封邮件是向弗兰西斯问候圣诞快乐的。在邮件中，小公主回忆了和弗兰西斯共同度过的快乐时光。她说：你还记得我们一起读

《安徒生童话》时问你的问题吗？我们傻乎乎的，真是愚蠢至极，以至于造成今日的离别。

原来公主们在读童话时，问了弗兰西斯这么一个问题：“谁的妻子最快乐？”

当时弗兰西斯反问了她们：“你们认为呢？”

七位小公主齐声回答：“农夫的妻子最快乐！”

“难道国王的妻子、百万富翁的妻子、政治家的妻子、诗人的妻子不快乐吗？”弗兰西斯问。

“不快乐。”七个小公主回答。

“为什么？”弗兰西斯接着问。七个小公主答不上来，她们只知道，在童话故事里，没有一个国王的妻子是快乐的，也没有

一个百万富翁的妻子是快乐的。

后来，弗兰西斯给她们讲了其中的原因，并告诉她们：在这个世界上，只有真正快乐的男人，才能带给女人真正的快乐。谁知这句话被人告密，第二天她就接到了解除聘约的通知。

2001 年末，美国《纽约时报》财经版评选“十大金句”，弗兰西斯的那句话破天荒地被选了进去。因为她因那句话，失去了一百万英镑。

事实上，在生活中，真正的快乐和地位是没有关系的。追逐名利、陷身于繁杂的事务当中，即使地位显赫，也很难得到真正的快乐。在人际交往的过程中，我们也不要一味地在乎名利地位，那样只能跟快乐无缘。

走出虚荣的死胡同

要想在世上寻找一个毫无虚荣心的人，就和要寻找一个内心毫不隐藏低劣感情的人一样困难。其实，虚荣不过是人们借来遮掩低劣的心理罢了。

说起来，现实中你也许把非常多的时间用在了努力征得他人的同意上，或者说用在了担心他人不同意你做的那些事情上。如果他人的赞同或同意成了你生命中的“必需”，那么，你又多了一件要干的事。你可能开始时认为，我们都喜欢掌声、恭维和表扬。别人赞扬我们时，我们感觉都非常好。谁不愿意被人奉承、恭维呢？没有必要不允许人们这样做。他人的赞同本身并没有害处，只有刻意去寻求他人的赞许，并把它当成了一种必需而非一种渴望的时候才是一种误区，才成为一种爱慕虚荣的表现。

如果你渴望他人的赞许或同意，那么，一旦获得了他人的认可，你就会感到幸福、快乐。但是，如果你陷入这种无法摆脱的虚荣之中，那么，一旦没有得到它，你就会感到失落。这时候，自暴自弃就会悄悄潜入进来。同样，一旦征求他人的同意成了你的一种“必需”，那么，你就把你自己的一大部分交给了别人。在爱慕虚荣心理的驱使下，为得到他人的认可，别人的任何主张你都必须听从，甚至在很小的事情上。如果人们不同意你，你就不敢轻举妄动。而只有当他们给予你表扬时，你才会感觉良好。

这种征得他人同意的虚荣心极其有害，真正的麻烦随着事事必须请示他人而来。如果你有这样一种虚荣心，那么，你的人生就注定会有许多痛苦和挫折。而且，你会感到自己软弱无力，没有社会地位。如果你想获得个人的幸福，你必须将这种征得他人同意的虚荣心从你的生命中根除掉。这种虚荣心是心理上的死胡同，你从中绝不可能得到任何好处。

虚荣就是爱面子的一个极端的体现，因此在应酬活动中，我们不能只顾虚荣而去交往，那样就会得不偿失，也达不到我们的交往目的，还有可能引起大家的不满和鄙视。

莫怕出丑而失去尝试的机会

人们都希望自己是聪明的，都怕在众人面前出丑。这似乎是决然对立的两件事，聪明人绝不会出丑，出丑的人必然是笨蛋。然而，实际生活并非如此。

最聪明的人有时简直如一个大傻瓜，他们不在乎当众出丑，出丑了却若无其事，他们被人嗤笑却自得其乐。他们就这样走向了成功。

安娜读书时网球打得不好，所以老是害怕打输，不敢与人对垒，至今她的网球技术仍然很蹩脚。安娜有一个同班同学，她的网球比安娜还打得差，但她不怕被人打下场，越是输越打，后来成了令人羡慕的网球手，成了大学网球代表队队员。

聪明是令人羡慕的，出丑总使人感到难堪。但是聪明是无数次出丑中练就的，不敢出丑，就很难聪明起来。

那些勇敢地去干他们想干的事的人是值得赞赏的，即使有时在众人面前出了丑，他们还是洒脱地说："哦，这没什么！"就是这么一类人，他们还没学会反手球和正手球，就勇敢地走上网球场；他们还没学会基本舞步，就走下舞池寻找舞伴；他们甚至没有学会屈膝或控制滑板，就站上了滑道。

伊米莉只会说一点点法语，她却毅然飞往法国去做一次生意上的旅行。虽然人们曾告诫她：巴黎人对不会讲法语的人是很看不起的，但她坚持在展览馆、在咖啡店、在爱丽舍宫用法语与每个人交谈。不怕结结巴巴遭人耻笑吗？一点也不。因为伊米莉发现，当法国人对她使用的虚拟语气大为震惊之状过去后，许多人都热情地向她伸出手，为她的“生活之乐”所感染，从她的对生活的努力态度中得到极大的乐趣。他们为伊米莉喝彩，为所有有勇气干一切事情而不怕出丑的人欢呼。

生活中有些人总是拒绝学习新东西。他们因为害怕出丑，宁愿封闭自己，限制自己的乐趣，禁锢自己的生活。

若要改变自己在交际中的形象和角色总要冒出丑的风险。除非你决心在一个地方、一个水平上“钉死”了。不要担心出丑，否则你就会无所收获，而且更重要的是你同样不会心绪平静、生活舒畅。你会受到囿于静止的生活而又时时渴望变化的愿望的痛苦煎熬。在社交中，我们应该记住这一点，由于我们害怕出丑也许会失去许多机会而为此感到后悔。而且我们也应该记住一句法国谚语：“一个从不出丑的人并不是一个聪明人。”

消除自己渴望被赞许的心理

爱面子的人都希望得到别人的赞许，但是要有个度。尽管赞许会让你的面子增色不少，但却是精神上的死胡同，绝不会给你带来任何益处。

一位名叫奥齐的中年人，对于社会上的各种问题都有着自己的见解。每当自己的观点受到嘲讽时，他便感到十分沮丧。为了使自己的每一句话和每一个行动都能为每一个人所赞同，他费了不少心思。他向别人谈起他同岳父的一次谈话。当时，他表示坚决赞成无痛致死法，而当他察觉岳父不满地皱起眉头时，便几乎本能地立即修正了自己的观点："我刚才是说，一个神志清醒的人如果要求结束其生命，那么倒可以采取这种做法。"奥齐在注意到岳父表示同意时，才稍稍松了一口气。

他在上司面前也谈到自己赞成无痛致死法，然而却遭到强烈的训斥："你怎么能这样说呢？这难道不是对上帝的亵渎吗？"奥齐实在承受不了这种责备，便马上改变了自己的立场："……我刚才的意思只不过是说，只有在极为特殊的情况下，如果经正式确认绝症患者在法律上已经死亡，那才可以截断他的输氧管。"最后，奥齐的上司终于点头同意了他的看法，他又一次摆脱了困境。

当他与哥哥谈起自己对无痛致死的看法时，哥哥马上表示同意，这使他长长地出了一口气。他在社会交往中

为了博得他人的欢心，甚至不惜时时改变自己的立场和观点。就个人思维而言，奥齐这个人是不存在的，所存在的仅仅是他人做出的一些偶然性反应；这些反应不仅决定着奥齐的感情，还决定着他的思维和言语。总之，别人希望奥齐怎么样，他就会怎么样。

现实生活中，这样的人和事也不少。

有一个做秘书的，领导让他看一篇报告写得如何。他看过后来汇报，说："我认为写得还不错。"领导摇了摇头。秘书赶快说："不过，也有一些问题。"领导又摇摇头。秘书说："问题也不算大。"领导又摇摇头。秘书说："问题主要是写得不太好，表述不清楚。"领导又摇摇头。秘书说："这些问题改改就会更好了。"领导还是摇头。秘书说："我建议打回这个报告。"这时领导说了："这新衬衣的领子真不舒服。"

一旦寻求赞许成为一种需要，做到实事求是几乎就不可能了。如果你感到非要受到夸奖不行，并常常做出这种表示，那就没人会与你坦诚相见。同样，你不能明确地阐述自己在生活中的思想与感觉，你会为迎合他人的观点与喜好而放弃你的自我价值。

人在社会交往中必然会遇到一些反对意见，这是不可避免的。所以要消除你希望被赞许的心理，这样才能让你在社会交往中如鱼得水。

舍得面子才能得人心

所谓周公吐哺，天下归心，得人才者得天下。但是“千军易得，一将难求”，为了求得人才，许多成大事之人都是礼贤下士，可见要想求得真正的栋梁之材，大人物首先要放下架子，舍得脸面。

刘备为得到诸葛亮，三顾茅庐，当他第三次去的时候，关羽很不高兴，张飞说，干脆用一根麻绳把诸葛亮捆来算了。刘备呵斥他们说：“汝二人岂不闻周文王谒姜子牙之事乎？文王且如此敬贤，汝何太无礼！”三人离茅庐还有半里之遥，刘备便下马步行。走到诸葛亮家里，恰逢诸葛亮正高卧草堂，刘备不让通报，恭恭敬敬在阶前等候直到诸葛亮醒来。而正是因为刘备得到诸葛亮的辅佐，才最终成就霸业。

在现代商业社会中，人的才能虽然主要靠管理发挥出来，但是情感因素的作用也绝不能小视，请看下面的例子：

汽车轮胎公司的经理肯特，有一次在一家酒馆饮酒时，无意中碰了一位喝得酩酊大醉的青年，醉汉借酒撒疯，对肯特大打出手。

事后，肯特从店主人那里了解到，这位青年发明了一种能增加轮胎强度的方法，而且申请到了专利。但他找了好几家生产汽车轮胎的厂商，请求他们购买他的专利，都碰了壁，而且被他们视为异想天开，所以，他感到怀才不遇，整日闷闷不乐，来这里借酒消愁。

肯特得知这些情况后，对这位青年对他的不恭毫不介意，决定聘请他来自己公司做事。一天早晨，他在工厂的门口等到了这位青年，但青年却心灰意冷，不愿向任何人谈起他的发明。他不理肯特，径自进工厂干活去了。但是，肯特却一直等在工厂的大门口。中午，工人下班了，却不见那位青年的踪影。有人告诉肯特，那青年干的是计件的工作，上下班没有一定的时间。这天，天气很冷，风也很大，但肯特一直不敢离去，只好忍饥受冻，因为他怕就在他离开的那一会儿，那位青年下班走了。

就这样，肯特从早上 8 点一直等到下午 6 点。这时，那位青年才走出厂门，他被肯特深深地感动了，他很爽快地答应了与他合作的要求。原来吃午饭时，那位青年出来看到肯特等在门口，便转身回去了。但后来，他知道肯特一天不吃不喝，在

寒风中等了近十个小时之久，不禁动心了。肯特正是求得了这位青年后，才推出了新的汽车轮胎产品，并使自己的品牌最终享誉全球。

成就事业必须靠人才，这是人人都懂的道理。获得了人才，对一个求贤者来说，可谓增加了一条有力的臂膀，但在实际生活中，人才有大有小、有真有假，并不是一眼就能看得出来的。这就要求求贤之人屈尊相求，礼贤下士，只有这样才能将人才尽收囊中。

做人要敢于抛颜面

1076 年，德意志神圣罗马帝国皇帝亨利与教皇格里高利争权夺利，斗争日益激烈，发展到了势不两立的地步。亨利想摆脱罗马教廷的控制，教皇则想把亨利所有的自主权都剥夺殆尽。

在矛盾激烈的关头，亨利首先发难，召集德国境内各教区的主教们开了一个宗教会议，宣布废除格里高利的教皇职位。而格里高利则针锋相对，在罗马的拉特兰诺宫召开了一个全基督教会的会议，宣布驱逐亨利出教，不仅要德国人反对亨利，也在其他国家掀起了反亨利的浪潮。

教皇的号召力非常之大，一时间德国内外反亨利力量声势震天，特别是德国国境内大大小小的封建主都兴兵，向亨利的王位发起了挑战。

亨利面对危局，被迫妥协，于 1077 年 1 月身穿破衣，只带着两个随从，骑着毛驴，冒着严寒，翻山越岭，千里迢迢前往罗马，向教皇请罪忏悔。

但格里高利不予理睬，在亨利到达之前去了远离罗马的卡诺莎行宫。亨利没有办法，只好又前往卡诺莎拜见教皇。

到了卡诺莎后，教皇紧闭城堡大门，不让亨利进去。为了保住皇帝的宝座，亨利忍辱跪在城堡门前求饶。

当时大雪纷纷，天寒地冻，身为帝王之尊的亨利屈膝脱帽，一连在雪地上跪了三天三夜，教皇才开门，饶恕了他。

这就是历史上著名的“卡诺莎之行”。

亨利恢复了教籍，保住帝位返回德国后，集中精力整治内部，然后派兵把封建主各个击破，把那些曾一度危及他王位的内部反抗势力逐一消灭。在阵脚稳固之后，他立即发兵进攻罗马，以报跪求之辱。在亨利的强兵面前，格里高利弃城逃跑，最后客死他乡。

在人生的道路上，不可能一帆风顺，在某些情况下，丢弃暂时的面子是必要的，保住实力才是主要的，留得青山在，不怕没柴烧。

面子放下一点，交际顺利一点

脸皮太薄恐怕是影响人开拓交际圈的主要障碍。如果从交际的需要出发，让自尊心保持一定的弹性，把握好度，就能在交际场上游刃有余。

小王是一位初学写作的文学青年，花了半年时间写了一篇小说。他信心十足地来到编辑部，没想到一个编辑看后，直摇头，当着很多人的面，说："你这写的是什么？连句子都不通，哪儿像小说！……"说得他满脸通红，就想回敬一句："你仔细看了吗？"可是，他忍住了，反而以请教的口气说："我是第一次写小说，还希望老师给予指正。"从编辑部回来他没有泄气，反而更加奋发，写完后又厚着脸皮去找这个编辑。真是不找不成交，这一次编辑的态度也变了，提了一些修改意见。后来小说发表了，他和编辑还成了朋友。

改变一下看问题的立足点，不要光想着自己的面子，还要看到比这更重要的东西，比如事业、工作、友谊等等。

在《三国演义》中，曾有一出"孔明骂死王朗"的好戏，这其实就是一场心理战。

公元227年，孔明兵出祁山，曹真率兵迎战，二军对垒于祁山之前。在决战前，双方先来了个"骂阵"。先是王朗策马阵前，向孔明劝降，他说："你通达天命，亦识时务，为何要毫无理由地挑起战争？要知道，天命有变，帝位更新，归于有德之士，这是大自然颠扑不破的道理……"接着便大赞曹操一番，指出，顺天者昌，逆天者亡，劝孔明快快归顺大魏。王朗也是能言善辩之士，他以理劝诱，使蜀军兵将不觉动容。

参谋马谡认为，王朗不过是效法从前季布大骂汉高祖，试图以气势破敌。王朗讲罢，孔明却哈哈大笑，朗声斥道："你原是汉朝元老，我还以为有什么高见值得洗耳聆听，没想到，说出来的却全是混账话……此次，我奉君命出兵，旨在讨伐逆贼，大义分明，日月可鉴。你胆敢站在阵前，厚颜无耻地大说天命如何，简直是荒谬透顶。你这个皓首匹夫，白须叛贼，想必即将奔赴冥府。到时候，你有何面目，见汉朝二十四帝？！你且快快滚到一边，派出别人来一决胜负吧。丑恶如你，哪有在此撒野的资格？！”孔明刚说完，王朗就口吐鲜血，落于马下，当场毙命。

王朗是被气死的，也可以说是由于脸皮太薄而死。王朗脸皮之所以薄，是因为他不自信，缺乏忍耐力。虽然他也讲人应顺应历史的规律而行事，但他在骨子里更害怕“叛臣逆子”这个罪名，一旦被别人揭了伤疤，说到痛处，便羞恨交加，落马而死。

所谓“脸皮”不过是人的自尊心的一种通俗形象的说法。心理学认为，自尊之心，人皆有之，人的尊严不容冒犯。自尊是一种精神需要，是人格的内核。从一定意义上说，维护自尊是人的本能和天性。在现实生活中，自尊心的强弱程度因人而异。有的人自尊心特别强，把面子看得高于一切，其实是虚荣心在作祟。

但这里所强调的并不是不要个人尊严，而是说要把握一定的分寸，当然，对于一些特定的问题，在特定的场合，为了维护尊严，必须进行针锋相对的斗争。至于有人极力维护的自尊，实际上是在维护自己的虚荣心，是一种不健康的心理。所以，要对自尊心进行分析，要维护真正的积极的自尊，不要维护虚伪的消极的自尊。这样，当我们出现在社交场上，才能恰当地把握自尊的弹性，成为交际的强者。

迎着别人的嘲笑前行

面对他人的嘲笑，聪明的人一定要有胸襟、有雅量，这同时也是一种做人的智慧。

曾任美国总统的福特在大学里是一名橄榄球运动员，体质非常好，所以他在62岁入主白宫时，他的体质仍然非常挺拔结实。当了总统以后，他仍继续滑雪、打高尔夫球和网球，而且擅长这几项运动。

在1975年5月，他到奥地利访问，当飞机抵达萨尔茨堡，他走下舷梯时，他的皮鞋碰到一个隆起的地方，脚一滑就跌倒在跑道上。他跳了起来，没有受伤，但使他惊奇的是，记者们竟把他这次跌倒当成一个大新闻，大肆渲染起来。在同一天里，他又在丽希丹宫的被雨淋湿了的长梯上滑倒了两次，险些跌下来。随即一个奇妙的传说散播开了：福特总统笨手笨脚，行动不灵敏。自萨尔茨堡以后，福特每次跌跤或者撞伤头部或者跌倒在雪地上，记者们总是添油加醋地把消息向全世界报道。后来，竟然，他不跌跤也变成新闻了。哥伦比亚广播公司曾这样报道："我一直在等待着总统撞伤头部，或者扭伤胫骨，或者受点轻伤之类的来吸引读者。"记者们如此渲染似乎想给人造成一种印象：福特总统是个行动笨拙的人。电视节目主持人还在电视中和福特总统开玩笑，喜剧演员切维·蔡斯甚至在《星期六现场直播》节目里模仿总统滑倒和跌跤的动作。

福特的新闻秘书朗·聂森对此提出抗议，他对记者们说：“总统是健康而且优雅的，他可以说是我们能记得起的总统中身体最为健壮的一位。”

“我是一个活动家，”福特说，“活动家比任何人都容易跌跤。”

他对别人的玩笑总是一笑了之。1976年3月，他还在华盛顿广播电视记者协会年会上和切维·蔡斯同台表演过。节目开始，蔡斯先出场。当乐队奏起《向总统致敬》的乐曲时，他“绊”了一脚，跌倒在歌舞厅的地板上，从一端滑到另一端，头部撞到讲台上。此时，每个到场的人都捧腹大笑，福特也跟着笑了。

当轮到福特出场时，蔡斯站了起来，佯装被餐桌布缠住了，弄得碟子和银餐具纷纷落地。蔡斯装出要把演讲稿放在乐队指挥台上，可一不留心，稿纸掉了，撒得满地都是。众人哄堂大笑，福特却满不在乎地说道：“蔡斯先生，你是个非常、非常滑稽的演员。”

生活是需要睿智的。如果你不够睿智，那至少可以豁达。以乐观、豁达、体谅的心态看问题，就会看到事物美好的一面；以悲观、狭隘、苛刻的心态去看问题，你会觉得世界一片灰暗。两个被关在同一间牢房里的人，透过铁窗看外面的世界，一个看到的是美丽神秘的星空，一个看到的是地上的垃圾和烂泥，这就是区别。

面对嘲笑，最忌讳的做法是勃然大怒，大骂一通，其结果只会让嘲笑之声越来越大。要让嘲笑自然平息，最好的办法是一笑了之。一个满怀目标的人，不会在乎别人想法，而是有风度、有气概地接受一切非难与嘲笑。伟大的心灵多是海底之下的暗流，唯有小丑式的人物，才会像一只烦人的青蛙一样，整天聒噪不休！

人前放下面子，内心挺起腰杆

生活中有很多人总是奉行低调行事的原则，他们不爱慕虚荣，也不会去争取所谓的尊严和面子，但是在其内心深处却有着强烈的自尊。平日里虽不张不扬、不温不火，但内心自信自尊，他们“上交不谄，下交不渎”，以一种儒雅的风范维护自己的尊严。

如今已是某保险公司股东会成员之一的赵丽回忆起她的成功经历时说，她所卖出的数额最大的一张保单不是在她经验丰富后，也不是在觥筹交错中谈成的，而是在她第一次推销的时候。

A 公司是某市最大的一家合资电子企业，向这样的企业进行推销，赵丽不免有些敬畏、有些胆怯，何况这是她的第一次推销。再三思虑后，她还是壮着胆子进去了。当时，整个楼层只有外方经理在。

“你找谁？”他的声音很冷漠。

“您好，我是保险公司的业务员，这是我的名片。”赵丽双手递上名片，心里有些发虚。

“推销保险？今天已经是第三个了，谢谢你，或许我会考虑，但现在我很忙。”老外的发音直直的，像线一样，因此听不出任何感情色彩。

赵丽本来也不指望那天能卖出保险，所以说了一声“sorry”就离开了。如果不是她走到楼梯拐角处下意识地回了一下头，或许她就这么走了，以后也不会有任何事情发生。

当赵丽回过头去的时候，看见自己的名片被那个老外扔进了废纸篓里，赵丽感到非常气愤。于是她转身回去，用英语对那个老外说："先生，对不起，如果你现在不考虑买保险的话，请问我可不可以要回我的名片？"

老外的眼中闪过一丝惊奇，旋即平静了，耸耸肩问她："Why？"

"没有特别的原因，上面印有我的名字和职业，我想要回来。"

"对不起，小姐，你的名片让我不小心洒上墨水了，不适合还给你了。"

"如果真的洒上墨水，也请你还给我好吗？"赵丽看了一眼废纸篓。

片刻，老外仿佛有了好主意："OK，这样吧，请问你们印一张名片的费用是多少？"

"五毛，问这个干什么？"赵丽有些奇怪。

"OK，OK，"他拿出钱夹，在里面找了片刻，抽出一张一元的，"小姐，真的很对不起，我没有五毛零钱，这是我赔偿你名片的，可以吗？"

赵丽想夺过那一块钱，撕个稀烂，告诉他她不稀罕他的钱，告诉他尽管她们是做保险推销的，可也是有人格的。但是她忍住了。

她礼貌地接过一元钱，然后从包里抽出一张名片给了他："先生，很对不起，我也没有五毛的零钱，这张名片算我找给您的钱，请您看清我的职业和我的名字！这不是一个适合扔进废纸篓的职业，也不是一个应该扔进废纸篓的名字！”

说完这些，赵丽头也不回地转身走了。

没想到，第二天赵丽就接到了那个外方经理的电话，约她去他的公司，这次他打算从她这里为全体员工购买保险。

赵丽不卑不亢的做法赢得了外方经理的尊重，也书写了大大的一个“人”字。她并没有因为别人有钱有势就自降身价，甚至对侵犯人格的举动视而不见，而是以实际行动让对方明白尊严的真正意义。因为自重，她赢得了对方的尊重。

低调的人就是这样，他们能够正确认识、分析自我，正确认识自己的优势和劣势，懂得自己在乎和不在乎的东西，不以自己的短处与人家的长处相比，更不以自己的劣势与人家的优势相提并论。他们能摆正自己的位置，摆脱“低人一等”的心理，发挥自己的所长，以平常心看待生活和工作，显出足够的自信，从而在处世过程中从容自如，游刃有余。

第五章

今天低头当“老二”，明天抬头做“老大”

还当不了领头羊时，就先躲在羊群里

我们常常不能正确地评估自己的实力，总觉得在目前的位置上是一种“屈才”，其实很多时候我们并不如自己想象中的那么强大。

没有人是天生的领导者，那些走向成功的人士，也是经历了一番痛苦磨炼的。所以，当我们还没有足够的能力撑起一片天的时候，就不要总是炫耀自己，总觉得自己比别人强，而应该虚心学习，潜心修炼，期待有朝一日能够丰盈自己的翅膀，振翅高飞。

两个某大学计算机系的学生，在校时品学兼优，特别是在英文和计算机技术方面优势突出，毕业后一同到了北京一家著名的软件公司，令同学们羡慕得不得了。没想到，两个月后，学生甲就因为另外一家私企的高管位置引诱而跳槽。当时他和同学乙商量一起走，乙对本公司文化已经非常认同，且不看好那家公司，苦劝甲不要贸然跳槽，可是被经理职位的诱惑冲昏了头脑的甲去意已决，当月就走人了。然而他哪里想到，那家私企资金链异常脆弱，还处于四处融资阶段。果然不久就听说新公司运转出了问题，薪水无法正常发放，甲又跳槽了。在接下来的两年中，甲就像一只无头苍蝇一样四处乱撞，一次比一次失望，后悔“早知如此……”短短几年时间里，甲已经相继“客串”了软件、网络、销售、广告、媒体、汽车、保健品等多种行业。可谓“万金油”，什么都会一点，但什么都不精通、不专业，只好一直做初级工作。以前的技术也跟不上趟了。奋斗了几年，两手空空。虽然甲在别人面前硬着头皮说跳槽“无怨无悔”，但打落门牙往肚里咽的难受滋味，只有他自己知道。实际上还是最初的那家公司最好，因为那家公司已经在纳斯达克上市，他的同学乙已经成为一个重要的部门经理，手里拿着可观的原始股票，买了车，同学聚会都在他新买的“高尚公寓”举行。而“跳槽冠军”甲仍然一无所有。

很多人不能正确地评估自己的实力，总觉得在目前的位置上是一种“屈才”，其实有时候我们并不如自己想象中的那么强大。尤其是在工作中，看着别人做总是很容易，可是真正轮到自己做的时候，往往就会漏洞百出。所以，在还没有能力当领头羊的时候，一定要虚心学习，将本领练扎实。

当然，生活中也有一些人不是没有当领头羊的本领，只是还没有被领导注意到，这个时候，我们就应该寻找一切机会，为自己创造更好的发展平台。

西汉末年，王莽篡汉建立新朝，托古改制，弄得天下民生鼎沸，各地起义风起云涌。刘秀很小的时候就心思缜密，与人交往时，不计小怨，喜怒不行于色。早在起事之前，尽管刘秀的兄长们蠢蠢欲动，但他却处处小心谨慎，平时只知埋头务农，与世无争，还因此被讥笑为汉高祖刘邦的一位庸庸碌碌的子孙。后来刘秀也加入起义队伍，并凭借自己超凡的才能脱颖而出，逐渐成为领袖。

为了号召天下，绿林军立刘秀的族兄刘玄为更始帝，发展迅速。刘玄是个资质平庸，甚至是有些懦弱的人。刘秀和他的哥哥刘縯才华出众，分别被封为“太常偏将军”和“大司徒”。在昆阳和宛城之战中，刘秀和刘縯立下大功，因此也获得更高的声望。刘氏兄弟日益增长的势力引起了起义军中其他将领的担忧，他们劝更始帝除掉刘縯。刘秀看出了潜藏的危险，提醒兄长注意，但是刘縯并没有放在心上。不久之后，更始帝果然在众人的怂恿下将刘縯杀害。刘秀听说兄长被杀，十分悲痛，但是他马上来到当时政权所在地——宛城谢罪，大臣们向他表示劝慰之意，但他却只说怪自己没能劝住兄长，以致其惹怒了皇帝。从此之后，他绝口不提自己在昆阳立下的功劳，也不为刘縯服丧，饮宴说笑一如平常，仿佛什么都没有发生过。他这么做反而让更始帝感到惭愧，于是任命刘秀为破虏大将军，封武信侯。

其实，刘秀本非无情之人，他非常在意哥哥被无辜杀害，以致多年之后还难以释怀，提起这件事情的时候就泪流满面，只是他从来不会在外人面前表现出来罢了。后来，起义军攻入洛阳，刘秀单独住在一间房子里，不让别人进去。他的好友冯异曾经进过这个房间一次，发现刘秀的枕巾被泪水打湿了一大片。冯异努力劝慰刘秀，但刘秀却矢口否认。在当时艰难的处境下，他不得不忍住自己的悲伤。正因为善于低头，刘秀在众人眼中的威胁消除了，反而让自己的实力变得比以前更强大，投降他的军队也越来越多。

我们总是羡慕“咸鱼翻身”的人，殊不知，他们并不是一步登上事业的高峰的，他们的成功也是一步一步通过自己的努力获得的。他们也会经历痛苦，但是相对于别人的心浮气躁，他们更加沉稳，通过不断的付出来收获成功。

只有坐得了冷板凳，才能坐得了高堂

每个人一生的际遇都不同，然而只要你耐得住寂寞，不断充实、完善自己，当机会向你招手时，你就能很好地把握，获得成功。

我们常常听说，只有耐得住寂寞的人，才能大有作为，才能创造更多的精彩。在生活中，总会有许多默默无闻的角色，他们并没有得到人们的关注，但是他们甘愿在自己的位置上认真地工作，将自己分内的事情做到最好。

很多人听过交响乐。演奏的现场，管乐与小提琴手总是默契配合着，大提琴也会时不时地加进弹奏的队伍，只有大号手，一直坐在那里不动。演奏马上要结束了，观众们就要对大号手失望了，可是就在最后的3分钟里，大号手终于吹出了震耳欲聋的声音，让整个音乐厅都为之颤抖。3个小时的演奏，大号手的表演不到3分钟，然后就默默地离开了。

有人说："大号手要做的事情就是一直数拍子，然后吹出那一声响，那一声响可不是谁都能吹出来的啊。"没错，只有能够忽略自己位置的人，才能留下最美妙的音乐。只有能够耐得住寂寞的人，才能在事业上创造奇迹。

罗明是一所大学的英语教师，在市场经济浪潮的推动下，他决定开创一番属于自己的事业，于是他辞了自己得心应手教育工作，到北京的一家俱乐部工作。北京的俱乐部大多数为会员制，要想有所发展，必须大力发展会员。而在俱乐部里，衡量一个人的工作业绩，主要是看他发展了多少个会员，以及售出了多少张会员卡。他的上司告诉他，现在唯一要做的事就是：售卡。

那段时间里，罗明对一切都感到生疏，初来乍到，也没有可以利用的关系。可想而知，他的处境有多窘迫！他决定采取一个初入道者都采用过的笨办法：扫楼。“扫楼”是业内人士的术语，即大大小小的公司都聚集在写字楼里，你要一家一家地跑，一家一家地问，那种情形就跟扫楼差不多。当然，你必须要找经理以上的高级管理人员，最好是总裁，普通的白领是难以接受价格不菲的会员卡的。

罗明的生活从此发生了180度的大转弯。他由一名体面的大学教师，一下子“跌落”成了一个“厚脸皮”的推销员。那是一种什么样的感觉？他心理上的落差感十分强烈。

有一个朋友问过罗明关于“扫楼”的事情。那个朋友阴阳怪气地问他：“‘扫楼’是不是很威风，一层一层，挨门逐户？”罗明听完这番话，内心真是酸甜苦辣什么滋味都有。往事不堪回首，他至今还清楚地记得“扫楼”之初的狼狈和艰辛。他曾经精确地统计过，他“扫楼”的最高纪录是一天内跑了10栋写字楼，“扫”了72家公司，感觉身体像散了架一样，腿和脚都不是自己的了，别说走路，挪动一下都很困难。那天晚上，他坐电梯从楼上下来，在电梯间里，他感到自己的胃正在一阵阵痉挛、抽搐、恶心，唯一的想法就是找个清静的地方大吐一场。他经常忍受人们的白眼和奚落，这对于从小到大都一直备受尊重的他来说，该是怎样一种伤害啊！

如果推销会员卡只有“扫楼”这一种方法，那么很少有人能够坚持下去，也很少有人能够成功。“扫楼”只是步入这个行业的初始阶段，秘诀还是有的。大约半年后，罗明开始出现在俱乐部召开的各种招待酒会上。出席这类酒会的人都是些事业有成、志得意满的成功人士。置身于这样的环境中，罗明发现那些如同铁板一样的面孔不见了，那些刺痛人心的冷言冷语不见了，现在出现的可能是真正意义上的彬彬有礼。他感到自己一下子放开了。他本来就该属于这里：他的涵养，他的才学，即使他曾经历过一段坎坷的“奋斗史”，又怎能磨灭他所固有的价值与尊贵呢？他知道他们需要什么，知道他们需要听从什么样的劝告。这是很重要的，因为他一下子就能拉近与他们之间的距离。他的语言、他的讲解，也不是那样干巴巴的，仿佛带有一种难以抗拒的鼓动力。他告诉他们，俱乐部将会给他们最为优质的服务，而购买价格昂贵的会员卡，就是一种地位、身份和财富的象征。

在一次专为外国人举办的酒会上，似乎没有人比他更游刃有余。他能说一口纯正、流利的英语，这让他一下子就与外国人打成了一片。他曾经一个下午同时向 8 个外国人推销，结果竟然售出了 9 张会员卡，其中有一个人多买了一张，是送给他朋友的。每张会员卡几万美元，每售出一张会员卡，销售人员可以从中提取 10%的佣金。罗明一下午的收入就很容易推算了。

从那以后，罗明在几个俱乐部之间跳来跳去。到了 2004 年初，他终于在一家俱乐部安营扎寨。他已经不用再去“扫楼”了，即使是参加招待酒会，他也不用怂恿别人买会员卡了。他有良好的学历、良好的敬业精神和销售业绩，所以，他从销售员、销售经理、销售总监一直到俱乐部副总裁。显然，如果没有当年的“低人一等”，哪里会有后来的“高人一筹”呢？

“低是高的铺垫，高是低的目标”，对于那些已经处在事业金字塔顶端的人，你只要去研究他的经历就会发现，他们并不是一开始就“高人一等”、风光十足的，他们也曾有过艰难曲折的“坐冷板凳”的经历，然而他们能够端正心态、不妄自菲薄、不怨天尤人；他们能够忍受“低微卑贱”的经历，并在低微中养精蓄锐、奋发图强，最后才攀上人生的巅峰，让世人瞩目。

从宋兵甲到喜剧王的蜕变

“你可以看不起我，可以羞辱我，我只会低眉顺眼，也许还会在你羞辱我的时候给你赔笑脸。但是我会在背后一直努力，直到有一天你发现，你已经无法张口羞辱我，因为我已经比你站得更高。”这就是周星驰成功的秘诀。

看过周星驰的《喜剧之王》以后，很多人的心里都会有沉甸甸的酸楚，一边大笑一边流泪，在观众的心里产生了强烈的反差：尹天仇这个“死跑龙套的”，对于自己的演艺事业认真而又努力，尽管只在戏里扮演一个出镜不到几秒的死人，他也会固执地研究不同的死法。他带着自己对角色的认识来演绎一位出场就被干掉的龙套，可是没有人听他对剧本人物的认识，也没人听他的分析，他被剧组的人臭骂一顿，盒饭没了，饭碗也丢了。可是他不死心，依旧要自导自演做着自己的演员梦，并对每个人都认真地介绍自己：其实我是一个演员。勤奋终于有了回报，经过一些机缘巧合，最后他回到先前没人捧场的街坊福利会举行戏剧表演时，来观赏的观众人山人海，连以前的大腕也来给他捧场。

“其实我是一个演员。”这是周星驰对自己说的话。《喜剧之王》里的主人公就如同他自己，勤奋努力，可是谁都懒得管理他，看不起他，厌烦他一个小跑龙套的还那么不听导演的安排。

在没有跑龙套以前，周星驰家境贫寒，甚至比不上一般人。中学毕业后，他因为成绩不好，所以没获得会考的资格。他有过半年多找不到工作的经历，当母亲和姐姐外出工作养家时，他则在家里打拳、睡觉，睡完又打，打完又睡觉，根本没有一技之长。

他没有什么特长，但是对当演员充满期望，当时香港无线电视台（TVB）招考演员，周星驰就拖着中学同学梁朝伟一起报名。

为了给面试官留下好印象，身高174厘米的周星驰，前一天还特地花钱买了双昂贵的增高鞋，结果，放榜后，陪考的梁朝伟考上训练班，而穿了增高鞋的周星驰，因长得不够帅，考官根本懒得看他第二眼。

直到邻居告诉他TVB将招考夜间部训练班，他才又再接再厉，报考成功。好不容易跨进演员一行，却又迎来了8年跑龙套的命运。即使命运的恶神总是将他戏弄，可是他始终保留一丝笑意，持续往上爬，成为现在家喻户晓的喜剧之王。

由临时演员、电影明星，到同于企业CEO兼制片人，走过人生三阶段，周星驰事业规模一再扩大，从一个月薪水港币两千元，到片酬港币千万元以上，如今更是上亿美元票房制片人。

回头看周星驰走过的坎坷路，我们不禁要问：怎么才能从出镜不到两秒的小龙套成长为一个老幼皆知的著名笑星再到赫赫有名的导演？是不是源自于他的运气好？答案当然不是，用他自己的话说："我是非常努力，才能有一点成功。"

有人总结说周星驰的票房之所以会高，不是因为他善于演喜剧片，而是因为他是一个"心理学专家"，他懂得真正的成功道理：把别人垫高了，把自己放低，让别人有了"安全感"，让别人有了"快乐"，让别人有了"自信"，让别人有了"希望"，这样别人才会喜欢自己，让自己顺顺利利地成功。

陈安之在《看电影学成功》中是这么说："一般人是如何获得自信的？是通过比较：你比我好，所以我就没有自信；我比你好，就变成你没有自信。而每一个人都希望得到认同、得到自信。所以，周星驰演的角色，10 部片子有 9 部都是演一个常被嘲笑常被欺辱的人，演一个最被人看不起的人，能让所有人都觉得‘我一定会赢过你’的人，结果影片最后，周星驰一定会一反弱态，战胜强敌，扬眉吐气……”

这就叫“Tee-up 法则”——Tee 是打高尔夫球用的小支球托，up 就是把它垫高起来的意思。所有人打高尔夫球，在开杆的时候，都必须插下那个 Tee，才有办法把球打飞起来。这就是 Tee 的作用：把自己放低了（像没有价值），再把对方垫高了（对方显得高大而有价值），结果自己就成了对方离不开的、最有价值的“Tee”。

也许这就是周星驰成功的秘密：你可以看不起我，可以羞辱我，我只会低眉顺眼，也许还会在你羞辱我的时候给你赔笑脸。但是我会在背后一直努力，直到有一天你发现，你已经无法张口羞辱我，因为我已经比你站得更高。

做人要“降低”一个层次，做事要提高一个档次

做人要降低一个层次，不是让你的道德层次降低，也不是要你对自己的要求降低，而是要你对自己的“所得”降低。做事要提高一个档次，不是说收入的提高，而是标准的提高。

虽然生活中人们常说“一分辛劳就有一分收获”，可是并不是所有的事情都能应验这样的结果。所以，付出多而回报少是再

正常不过的事情。如果过分计较自己没得到的东西，那么我们就只能在痛苦中徘徊，而如果我们甘愿付出，对于任何事情都投入百分百的激情和认真，那么我们一定会把生活过得充实、快乐。

美国独立企业联盟主席杰克·弗雷斯从13岁起就在他父母的加油站工作。弗雷斯想学修车，但他父亲让他去前台接待顾客。当有汽车开进来时，弗雷斯必须在车子停稳前就站到司机门前，然后去检查油量、蓄电池、传动带、胶皮管和水箱。

弗雷斯注意到，如果他干得好的话，顾客大多会再来。于是，弗雷斯总是多干一些，帮助顾客擦去车身、挡风玻璃和车灯上的污渍。有一段时间，每周都有一位老太太开着她的车来清洗和打蜡。这辆车的车内踏板凹陷得很深，很难打扫，而且这位老太太极难打交道。每次当弗雷斯给她把车清洗好后，她都要再仔细检查一遍，让弗雷斯重新打扫，直到清除掉所有的棉绒和灰尘，她才满意。

终于有一次，弗雷斯忍无可忍，不愿意再伺候她了，他的父亲告诫他说："孩子，记住，这就是你的工作！不管顾客说什么或做什么，你都要记住，做好你的工作，并以应有的礼貌去对待顾客。"

父亲的话让弗雷斯深受触动，许多年以后仍不能忘记。弗雷斯说："正是在加油站的工作，使我学到了严格的职业道德和应该如何对待顾客，这些东西在我以后的职业生涯中起到了非常重要的作用。"

生活中，我们经常看到一些人自嘲：付出是那样的多，所得是那样的少。工作的积极性很差，认为自己的工作枯燥、卑微，轻视自己所从事的工作，无法全身心地投入工作。他们在工作中敷衍塞责、得过且过，将大部分心思用在如何才能最偷懒而又赚钱上，这样的人是不可能有所成就的。

过分计较个人得失，常常让我们的眼光只注意到利益的获得，而忽略了前进的方向，最终偏离了人生航向。总是顾及自己面子的人，在困难面前，会显得无措。对自己的发展严格要求的人，无论做什么事情都会给自己提出高要求，让自己用尽全力去做到最好。

所以，如果一个人想要成功，就不能一直把视线盯在自己的报酬上，不能只顾及眼前的得失，而应该能够承受发展道路上的一切压力，冲破前进路上的任何阻力，用心思考怎样把工作做得完美。这样，我们才能离成功越来越近。

因此，我们在工作中要学会低调做人，高标做事。在我们的一生中，需要面对的只有两件事：一是学会做人，二是学会做事。低调做人，高标做事，是做人做事的理念。低调不意味着低俗、懦弱，而是一种谦逊的态度。低调做人，意味着在与人相处的过程中能够保持一种较低的姿态，不招摇，不显示自我，也意味着对他人要抱有一颗感恩的心，还意味着不会向对方提出过高的要求。这样才能时时受到欢迎和得到他人的尊重，并且拥有一个好的人缘。要学会做事，高标是关键。高标做事，不是张扬让全世界都知道你在做什么，而是要以一种很高、很专业的姿态去做，认真地做好、做成功。能完成百分之百，就绝不只做百分之九十九，高标还意味着无论面对什么事情，都要有积极和自信的心态。好的心态和态度是事情成功的最重要因素。只有这样才能称得上是高标做事。当然，做好任何事情的前提是要学会做人。如果我们每个人都能时时以“低调做人，高标做事”的标准来要求自己，那么，我们就已经向成功迈出了坚实的一步！

如何才能使自己的事业风生水起？如何才能在单位里脱颖而出？如何才能尽快获得提职晋升诸如此类问题，是我们每一位职场中人都时刻关注，并苦苦思索的问题。无数的事实证明，成功没有捷径，要想在事业上有所成就，就一定要记住：低调做员工，高标做工作。因为这是优秀员工的标志。美国金融界的杰出人士罗赛尔·赛奇曾经说过：单枪匹马、既无阅历又无背景的年轻人起步的最好方法：第一，谋求一个职位；第二，珍惜每一份工作；第三，养成忠诚敬业、高标做事的习惯；第四，认真仔细地观察和学习，为人要谦虚、低调。

做甘当扶梯的副手

低调做人是养精蓄锐的极好方式。低调的人，绝不会妄自尊大，四处逞强，他们于不骄不躁、不显不露间蓄积力量，悄然潜行。

在社会的大舞台上，每个人都想当主角，可人人仰望的主角毕竟只是少数，大多数人还是做着陪衬和辅助性的工作。但每个人扮演的角色都很重要，没有可有可无的角色，配角不认真，主角也会受影响发挥不出正常水平。

工作、生活上也是这样，配角就像是二把手，当我们选择做副手以后，就要有“大丈夫能屈能伸”的胸怀。对待职业，必须放下自以为是的心态，认清前方的路，然后一步步走下去。

有些人当了一辈子二把手，可是却依旧被人记挂，就像三国时期极具智慧的诸葛亮。

很多人都奇怪，足智多谋的诸葛亮为什么一直要跟着刘备？如果诸葛亮自己单干，是不是会比刘备做得好？然而历史没有假设，我们只知道诸葛亮兢兢业业，一片忠心。至今还流传着他的《出师表》：“臣本布衣，躬耕于南阳，苟全性命于乱世，不求闻达于诸侯。先帝不以臣卑鄙，猥自枉屈，三顾臣于草庐之中，谘臣以当世之事，由是感激，遂许先帝以驱驰。后值倾覆，受任于败军之际，奉命于危难之间，尔来二十有一年矣。先帝知臣谨慎，故临崩寄臣以大事也。受命以来，夙夜忧虑，恐付托不效，以伤先帝之明……”句句表达出自己对刘备的感激和对自己所负使命的拳拳之心。

难怪会有诗云：“出师一表真名世，千载谁堪伯仲间。”诸葛亮可谓是当副手当得最无怨无悔而又格外出色的。

随着时代的变迁，现在的人却未必能理解古人的苦心，有能耐的人总想通过做一把手来证明自己。

黄博士是一个名牌学校毕业的博士生，毕业以后找工作，有家中型企业看重他的学术背景和研究能力，向他伸出橄榄枝，邀请他到公司担任总经理助理，如果表现优异，可以提拔为副总经理。可是黄博士听到这儿，连薪水还没问，就连连摆手拒绝了，还颇不服气地说："助理？你见过博士生当小助理的吗？本科生就能当！我的很多同学都出国了，或者在企业担任高级工程师，我当助理？不可能。副总经理我都不会考虑！"

可是又会有哪家公司要一个刚毕业的人直接当一把手呢？一把手有那么好当吗？有人说，当老板谁不会？每天到公司来转悠一圈，有啥活就安排给下属去做。自己什么也不用做，一切都安排给手下。那只是一个表象，实际上公司的运营和外联、公关这些问题没有经验和能力的人是根本做不了，而二把手无疑就成了既可以锻炼自己的才能，又能学到领导经验的好职位。在全面工作中，二把手只是配角，听由一把手的派遣，而具体分管工作时，二把手又成了主角。这样角色的变换对于任何人来说都是值得尝试的。

如果不想被各种各样的大事和小事缠绕，也不想死要面子非去争一个一把手，那不妨做个快乐的二把手。

"笨小孩"的"老二哲学"

只有不断努力并不断激励自己发挥潜能，才有可能获得成功。一个知难而退的人永远也品尝不到成功的喜悦。

曾经有人说刘德华的人生就是"老二哲学"，对此他不但没有暴跳如雷，反而深以为然，甚至这样总结自己："我是一个整体的艺人，你问我电影有没有跑到第一名？我没有。唱歌有没有跑到第一名？我没有。我两样上面都是第二名，但就像十项赛一样，加起来我就是第一名了。”的确，刘德华在很多方面都不是第一名，但加起来他是一个全能的艺人。

1983 年，《神雕侠侣》在香港热播，刘德华也随即成为家喻户晓的人物。刘德华也是当年公司力捧的几个小生之一，可继续签约意味着将在未来的 5 年里失去自由。刘德华不愿意被合约所绊，故而虽然凭《鹿鼎记》中的康熙又火了一把，很快就遭到公司冷冻，再没有接过任何剧集的通告。刚刚走红，就遭到冷冻和封杀，艺术生涯前途未卜。但是对于一个埋头走路的人来说，一切的困难都不是障碍。刘德华于困境中求生，很快投身电影和歌艺事业，凭着踏实和努力，很快打下了一片新的天下。

我们都知道，一个人要想获得成功需要很多因素，但是首要的一点就是勤奋。只有不断努力并不断激励自己发挥潜能，才有可能获得成功。一个知难而退的人永远也品尝不到成功的喜悦。

埋头苦干的人，并不意味着他无法去担任老大。当年《神雕侠侣》选角的时候，监制萧签最担心的就是“杨过（刘德华饰）”的造型，从外形到演技，监制都产生过怀疑。他曾经当面质疑刘德华：“我看了你演的《猎鹰》，很不错，的确是一个正面小生人才，但你有信心再担一部剧的主角吗？那是《神雕侠侣》。”刘德华自信地说道：“有。”正是这样一个肯定的回答，打消了监制的顾虑，几次定妆试镜后决定起用他出演杨过。而这也是刘德华一生演艺事业腾飞的起点。他担任着老大的角色，却没有老

大的骄傲。

刘德华一直都是谦逊认真，又格外敬业的。在受到歌迷影迷一直好评的时候，他是谦逊的；在他没有红起来只是一个小角色的时候，他依旧是谦逊的。

当年的“四大天王”中，刘德华最不被看好。张学友的嗓音条件好，郭富城的舞跳得棒，黎明的样貌俊秀，刘德华什么也没有。从表面上看，仿佛他是最不具备长久走红资本的。然而实际上，二十几年过去了，他依然保持着强有力的票房号召力。这在很大程度上都归功于他的谦逊敬业。

记得刘德华演唱的那首《笨小孩》吗？

他们说城市里男不坏女不爱

怎么想也不明白
妈妈说真心爱会爱得很精彩
结果我没有女孩
笨小孩依然是坚强得像石头一块
只是晚上寂寞难耐
哎哟往着胸口拍一拍呀勇敢站起来
管它上山下海
哎哟向着天空拜一拜呀别想不开
老天自有安排
老天爱笨小孩……

也许是因为“笨小孩”很低调，不喜欢强出头，所以老天才会格外眷顾。刘德华也正是因为他的谦逊和低调，才让越来越多的人喜爱他。

在现代社会中，强手如林，我们也会陷入困境，这时，需要我们脚踏实地认真低下头来做好自己的分内之事，才有希望和机会渡过难关。

“争做老二”的人结果最牛

有企业管理者说，一直做第一很容易，但是一直做第二却很困难，因为你始终要想办法不被第一落下，还要努力不被后面的超越。

做事不要强出头，“枪打出头鸟”，“墙倒众人推”。你出头，如果表现好了，也就算了，一旦捅出什么娄子，你可能连现状也不如。

一个很有实力的房地产开发商与一个朋友闲谈，这个朋友说：“据我分析，你的实力堪称我们地区房产业的第一。”这位开发商笑笑说，当“第一”不容易，因为不论研发、行销、人员、设备，都要比别人强，为了怕被别的公司超越，便不断地扩充、投资；换句话说，要花很多力气来维持“第一”的地位。他说，这样太辛苦了，而且一旦没弄好，不但第一当不成，甚至连想当第二都不可能。这当然只是这位老板个人的想法，不过这位老板所说的却也是事实，当“第一”的，必然要费很多力气来维持“第一”的地位。

这么说，并不是不要你去当第一，如果你有当第一的本事，也有当第一的兴趣和机会，那么还可以试一试。如果你自认能力有限、个性懒散，又懒得挑大梁，那么就算有机会，也不要去当第一。

当“第二”有当“第二”的好处。静看“第一”如何构筑、巩固、维持他的地位，他的成功与失败，都可作为你的经验和教训。因为志不在“第一”，所以就不会太急切，造成得失心太重，不会勉强自己去做力不从心的事情，反而能保存实力，也会降低失败的几率。因此，做事宁可从老二、老三或老五做起都没关系，就是先不要当“第一”！如能好好地当“第二”，当主客观条件成熟，自然就会变成“第一”，这个时候的第一才是真正的“第一”。

中国企业的经营管理的概念中，有一种叫“第二哲学”的说法，就是不做第一，不做第三，而只是紧紧跟在第一的后面做第二，瞄准机会再冲刺第一。或许是暂时不愿做“出头鸟”，或许是想挂在后面搭个便车，但最终是没有一家会甘居第二的，“第二”也只是个过渡。创业者在创业之初，要学会做“第二”。

做人也好，经营企业也好，不要一心只想做第一，出头的椽子容易烂，所以，不妨低调一些，做一下第二，也许会是另外一番天地。

没有花的芳香就当最有生机的绿叶

2008 年，在长春举办的一次颁奖典礼上，导演冯小刚对正要领奖的张涵予说：如果能够得奖，那我祝贺你。但是生活存在了许多的偶然性，虽然大家都很看好你演的《集结号》，也都希望你能够拿到这个最佳男主角的大奖，但是看着快要到手的东西，有时候就是得不到……

没错，生活里总是有太多的偶然，有时候明明已经看见成功在向我们招手了，可是就差那么一步，我们就与成功擦肩而过了。这个时候，不要悲观失望，也不要自怨自艾，而应该换一个角度去想。虽然没有成功，可是经历了，总会有不同的收获。

1968 年，第一位踏上月球的航天员阿姆斯特朗，以“这是我个人的一小步，却是全人类的一大步”而名留青史，成为当时人们心目中的大英雄。

其实，当时登陆月球的，除了阿姆斯特朗之外，还有他的队友奥德伦。当时，两人只有一步之差，结果却隔了千里之远，阿姆斯特朗以踏上月球的第一人闻名于世，奥德伦却默默无名，知道他的人可说是寥寥无几。

在庆功宴上，当人们为这项前所未有的创举感到骄傲不已时，一名记者却突然问奥德伦："阿姆斯特朗先下了太空舱，成为登陆月球的第一人，你会不会觉得有些遗憾？"

众人纷纷把目光投向奥德伦，看他怎么接下突如其来的烫手山芋。此时，气氛一下子降到了冰点，连阿姆斯特朗都显得有些尴尬，然而奥德伦却神情自若，微微一笑："各位，千万别忘了，回到地面时，我可是最先走出太空舱的，所以，我是从别的星球来到地球的第一人。"

话音刚落，人群中响起了一阵笑声，同时也化解了尴尬的场面，热烈的掌声持续了一分钟之久。

一位思想家曾说："不要为自己所没有的东西感到苦恼，能享受自己现在所拥有的，才是最聪明的人。"法国哲学家孟德斯鸠也说过："假如一个人只是希望幸福，这很容易达到。我们总是希望比其他人幸福，这就是困难所在，因为一般人坚信其他人实际上比自己更幸福。"

我们能够调整自己的心态，但是我们不能掠夺别人的幸福。我们可以向着成功努力，但是我们无法决定成功是否降临。当我们理想的生活状态没有实现的时候，我们完全可以让自己的思维换一个方向。当不成绽放的花朵，我们还可以拥有绿叶的生机；当不成万人瞩目的皓月，我们还可以做闪烁的星星。

可是很多人都会执拗于一个方向，认为成功的标准也只有一个。其实，在生活中，很多事情都不是单向发展的，不能用单一的标准去评定一件事情的好坏。所以，当事情没有按照我们的预想去发展的时候，我们不妨将思路转一个弯。

当我们的思路换了一个方向的时候，成功的定义也会跟着发生转弯。所以，当我们不再执着于一个方向的时候，成功与幸福就变得随处可见了。

做人做事能而有度

大家都知道，帝王在选择太子时心里面是很矛盾的。太子仁弱一点吧，怕将来继位后缺乏驾驭众人的能力；太子贤明一点吧，又怕众望所归会危及自己。宋太宗见太子颇得人心，就曾酸溜溜地说："人心都归向太子，欲置我于何地？"皇帝既有这种心态，太子委实难处。不能不得人心，也不能太得人心；不能太不及父皇，也不能太胜过父皇，这中间的度确实是很难把握的。

隋炀帝的儿子杨暕就因为把握不好这个度，而与父皇产生隔阂。总体来说，造成他们父子失和的主要有两件事：

第一件事是为了一个美女。

有一次，乐平公主告诉炀帝，有个女子十分漂亮，但不知为什么炀帝听后无所表示。过了一段时间，乐平公主以为炀帝对此人不感兴趣，就把她推荐给了太子杨暕。杨暕马上把她纳入后宫。后来炀帝忽然记起这事，就问乐平公主："你上次说过的那个美人现在哪里？"乐平公主回答说："已经被太子收用。"

这件事本来不能全怪杨暕，他不可能每得到一个美女都先请示一下父皇是否感兴趣。乐平公主是这件事的始作俑者，按理炀帝问起，她满可以将始末和盘托出。但这样一来，就有可能引起炀帝对她的不满。所以，当炀帝再度问起这件事，她意识到自己捅了娄子，只好含糊地说一句在太子那里，似乎与自己无关。

第二件事是因为打猎。

炀帝去狩猎，命令杨暕率领一伙侍从参加。狩猎的结果是杨暕猎获颇丰而炀帝一无所得。炀帝龙颜大怒，认为自己在众人面前丢了面子。一问左右，左右侍从害怕炀帝迁怒，推说是猎物被杨暕手下的人阻挡，所以打不到了。炀帝因此猜忌起杨暕来，认为他是为了想出风头，于是处处寻找杨暕的不是。

俗话说“欲加之罪，何患无辞”，何况太子本非圣人，结果太子的名号也就无法保留了。炀帝父子间从此结怨，直到后来宇文化及起来谋反，派人分别去囚禁、杀害炀帝父子时，炀帝还认为是杨暕派人来抓自己的，而杨暕也认为是炀帝派人来杀自己的，父子至死不能消除误会。

所以，我们不管是做人还是做事，必须把握能而有度的方圆之道，特别是在个人力量没有强大之时。

适时当回“老二”

历史上很多有才华的人结局都不太好，这是因为他们时时事事都要争做“老大”，风头出尽了，亏也吃了不少。静下来想一想，何必非要为“老大”争个头破血流，适时当回“老二”，其实未为不可。

萧何是汉高祖刘邦的重要谋臣。刘邦进入关中以后，因萧何在行政管理、户籍管理方面很有一套，颇得民心。当时关中百姓只知有萧何，不知有刘邦。萧何的一个门客提醒他说：“您不久就要被灭族了，您占据高位，功劳第一，是人臣之极，不可能再得到皇上的恩宠。可是您自进入关中后，得到了百姓的拥护，深得民心，现在你的威望居然盖过了皇上，我想他绝对不会坐视不理的。”

不久，南方少数民族起兵反汉，刘邦率军亲征，留吕后及萧何守关中，萧何趁机强占民田、豪宅，强夺他人妻女为婢妾，一时间，民怨沸腾，怨声载道。高祖凯旋还朝时，老百姓拦路控诉萧何。高祖心中有说不出来的高兴，只是表面上斥责萧何说：“你自己去处理吧！”从此不再担心萧何会“谋反”了。

在刘邦看来，曾经才华横溢的萧何不过是个贪财好色的小人，这样的人有何德何能与他刘邦争夺天下，无怪乎刘邦会放下心来。

与萧何相比，颍考叔就因为争做“老大”枉送了自己的性命。

郑庄公准备伐许。战前，他先在国都组织比赛，挑选先行官。众将一听露脸立功的机会来了，都跃跃欲试，准备一显身手。

颍考叔与公孙子都是有名的武将，二人在前几项比赛中过关斩将，无论是击剑还是射箭，都激起台下一片叫好声。

两人顺利杀入“决赛”，庄公派人拉出一辆战车来说：“你们二人站在百步开外，同时来抢这部战车。谁抢到手，谁就是先行官。”公孙子都跑到一半时，脚下一滑，跌了一跤。等爬起来时，颍考叔已抢车在手。公孙子都哪里服气，提腿就来夺车。颍考叔一看，拉起车飞步跑了，庄公忙派人阻止，宣布颍考叔为先行官。公孙子都怀恨在心。

颍考叔果然不负庄公之望，在进攻许国都城时，手举大旗率先从云梯冲上许都城头，那一马当先的气势让其他将领相形见绌。眼见颍考叔大功告成，公孙子都嫉妒得心里发疼，竟抽出箭来，搭弓向城头上的颍考叔射去，颍考叔没能挡住这突如其来的暗箭，被射中心窝，从城头上栽下来。另一位大将瑕叔盈以为颍考叔被许兵射中阵亡了，忙拿起战旗，指挥士卒冲城，终于拿下了许都。

在公孙子都这种善妒的小人面前争做“老大”，无异于自取灭亡。

二十几岁的年轻人，一定要不露锋芒，甘居“老二”，这样才能充分发挥自己的才华。

总之，二十几岁的年轻人要分清楚什么是真正的“聪明”，平心静气地当回不完美的“老二”，这是一种做人的智慧，也是一种处世的智慧。

第六章

职场会做事，也要会来事

职场中的理想与现实

在职场中，理想是很重要的。如果一个人没有理想，那么他就缺少奋斗的目标，以至于没有方向、没有信心。可以说，理想是职场奋斗生涯的基础，是一切的开始。

理想是一个大而长远的东西，但并不是每件事情都会需要它。如果处理小细节也要用到理想，那么就变成书生意气了。

1. 目标要大

二十几岁的年轻人要知道，而成功者和平凡者的区别就在于，平凡人只把理想当梦，压根没准备去实现，而成功者从一开始就将理想作为其奋斗的目标。

所以，二十几岁的年轻人完全可以按着自己的人生目标来海阔天空。没有一个大目标，就没有一个大格局，所以目标要大。

2. 计划要小

理想大，不代表做的每件事都要大。

正所谓“齐家治国平天下”，再厉害的伟人，也是从小事开始做起的。不管你的理想有多大，但在处理每一件事情上，你的计划必须要小。不要在做具体工作时，嘴里还老念叨着改变世界的大理想，这是不切实际的。

3. 用理想来处理细节，只会导致失败

理想的基础是一个人的空想，但如果用一个空想的东西，来处理现实的事情，怎么可能不失败呢？所以，二十几岁的年轻人要用具体现实的准则来处理事情，最后让事情累积到一定程度，才能达成理想。

人们常说的书生意气、不切实际的空谈，就是用空中楼阁来指挥现实事情。而实干家则不同，他们做好现实事情，是为了一步步搭建起自己的高楼大厦。

所谓理想和现实之间的关系，无非如此。

4. 利益是处理职场事务的原则

职场是一个利益交换的场所，你在里面打工，老板付你工钱，这是最基本的利益交换。而其他所有的事情，也都和利益脱不开联系，可以说，利益才是一切职场事务的基础。所以，20 几岁的年轻人在处理职场事务时，应以利益作为原则。

所谓利益原则就是指，职场中遇到任何事情，都要先分析它能对谁有好处，以及它会损害谁的利益。

20 几岁的年轻人想要成功，做事情必须要有踏实的基础。而这个基础，就是用一件件成功的小事情堆积起来的。

想要让自己的职场生涯变得成功，说起来容易，做起来却不简单。初涉职场的年轻人往往都觉得用利益原则来处理事情太过市侩，远不如用理想处理事情来得高雅。但世事就是如此，风花雪月人人都乐意谈，可到了做事情的时候，依旧得从柴米油盐酱醋茶入手。

所以在职场里，最忌讳的就是好高骛远。千万别把自己的空想当做现实，也千万别嫌弃利益原则太过市侩。

只有把每一件事情都用利益原则想过，然后再去做，才是成功的不二法宝。

5. 利益不能取代理想

遵从利益原则，同样会带来风险。因为利益原则过于好用，使得人们在职场之外也遵循它，甚至每时每刻都用得不亦乐乎。

职场是利益交换的场所，所以用利益原则不会有任何问题。但生活却不仅仅是利益交换的场所，生活比职场更加复杂，其中还有亲情、友情、爱情等。纯粹用利益原则，显然是以偏概全。

还有一部分人喜欢用利益来取代理想，虽然从原理上来看是没有问题的，但值得注意的是，有着伟大理想的人，最后的成就通常会高于以赚钱为目标的人。因为理想相当于人的信仰，信仰越高尚，动力就越足，最后所能达到的高度也就越高。

成功者和市侩的区别就在于，成功者虽然也会用利益原则做事，但他们的理想是高尚的。而把赚钱作为最高目标的人，就是毫无疑问的市侩了。

20 几岁的年轻人要有理想，也要知道利益的重要性，但千万不能让利益取代了理想。

不要掉入越位犯规的陷阱

在任何一个社会里，都存在着森严的等级制度，在这种制度下，每一个等级范围内的人都只能履行其分内的职责。同样，在职场中也有这样的规矩，任何一个公司的组织机构都是按一定顺序逐级排列的，而且是固定不变的。每一个员工都会有两种上司，即直接上司和更高层的管理者。而一个员工通常只是在一定的范围内为其直接上司服务并对其负责。言外之意，如果这个员工越过了他的直接上司而找到更高层的管理者去汇报工作或提出建议和意见，就属于“越级”行为，这是职场中的大忌。然而，由于这只是一种不成文的规定，所以总有一些人忽略它、蔑视它，甚至是“冒公司之大不韪”去触犯它，最终尝到苦头而悔恨不已。

所以，一定要记住，即使你的上司只是个“九品芝麻官”，也一定不要越级办事。

刘山和陈诚是同一部门的普通工作人员，他们有一个共同的特点，就是精明果断，办事能力颇强。但该部门的主管却拖拖拉拉、优柔寡断。对此，心高气傲的刘山早就颇有微词。公司向该部门下达了新的业务指标，主管反复考虑，瞻前顾后，一直无法提出具体的计划和方案。于是心怀不满的刘山直接向总经理打报告，提出了自己的一套方案。而为人低调的陈诚则选择跟主管共同商量，拿出相应的对策和方案。在陈诚的启发下，主管凭借自己丰富的实战经验，很快提交了一套同样出色的方案。最终，公司采纳了主管的方案。不久，主管获得了提升，陈诚在他的推荐下，接替了他的位子，而怨气冲天的刘山很快便离开了公司。

刘山忽视了一点：在很多情况下，主管的能力不一定比下属强，但这不能改变主管与下属之间的从属关系。把自己的聪明才智无私地奉献给主管，小刘可能认为这样太冤了，心理上难以平衡，而事实上，只有主管得到提升，你才能有出头之日。若你在紧急关头及时“救驾”，你的主管会从此视你为得力干将，对你另眼相看。一旦有机会，你得到提升便是水到渠成的事情。

越级越权，企图盖过上司的风头，在上司的上司那里表现自己，这种行为会严重损害部门主管的感情，给自己以后的晋升带来难以逾越的障碍。因此，除非万不得已，千万不要越级。公司像一部复杂而精密的机器，每一个部件都在固定的位置发挥着不同的作用，以保障整部机器的正常运转。然而有一部分人为了突出自己，老是喜欢搞越级活动，这些人大部分都对自己的顶头上司有某种不信任或者不服气。这样做的后果是扰乱公司正常的工作程序，造成人为的关系紧张，反而影响工作效率，更影响自己的晋升之路。

在其位要谋其政，不属于自己职责范围内的事便要小心谨慎，尽量少插手、不插手。遇到自己不熟悉的工作时要多请示，否则，往往会不自觉地造成越权行为，好心办错事。“雷池”不可轻越，万事谨慎为先。

一个员工的“越级”行为，往往会引起其直接上司的怀疑、妒忌和不满，进而影响正常的工作关系和人际关系。另外，更高层的管理者通常也不喜欢这种“越级”行为，因为它破坏了公司的正常秩序，同时还会给自己带来“麻烦”。即使到了万不得已的时候，非要“越级”不可，那也要讲究技巧，绝不可滥用。

学历不代表能力

日本西屋集团主席堤义明认为，学历只是一个人受教育时间的证明，代表一个人可能有的潜质，不等于一个人真正有多少实际才干。

有人说："无知和眼高手低是青年人最容易犯的两个错误，也是导致频繁失败的主要原因。"学历并不代表高成功率，学历代表过去，能力代表将来。

心理学家总结出一条非常简单但又普遍适用的规律——不值得定律。对不值得定律最直观的表述就是，不值得做的事情，就不值得做好。不值得定律反映出人们的一种心理，即如果做的是一件自认为不值得做的事情，往往会持敷衍了事的态度，不仅成功率低，而且即使成功，也不会觉得有多大的成就感。在潜意识中，人们习惯于对要做的每一件事情都做一个值得或不值得的评价，不值得做的事情也就不去做或不做好。

在现实生活中，太多的人只关注有光环的大事情、能够出人头地的大事业，而将本职工作中的许多具体事情归类为不值得做的小事情，然而，正是这些小事情才是通往大事业的必经之路。基于不值得定律，心理学家告诉我们，自视越高的人，认为不值得做的事情就越多，成为怀才不遇者的可能性就越大，成功的几率相应也就越小。

下面是美国甲骨文软件公司的 CEO 拉里・埃里森在美国耶

鲁大学2000届毕业典礼上的演讲。

耶鲁的毕业生们，我很抱歉——如果你们不喜欢这样的开场白。我想请你们为我做一件事。请你——好好看一看周围，看一看站在你左边的同学，看一看站在你右边的同学。

请你设想这样的情况：从现在起5年之后、10年之后或30年之后，今天站在你左边的这个人会是一个失败者；右边的这个人，同样，也是个失败者。而你，站在中间的家伙，你以为会怎样？同样是失败者，失败的耶鲁优等生。

说实话，今天我站在这里，并没有看到1000个毕业生的灿烂未来。我没有看到1000个行业的1000名卓越领导者，我只看

到了1000个失败者。你们感到沮丧，这是可以理解的。为什么，我，埃里森，一个退学生，竟然在美国最具声望的学府里这样厚颜地散布异端？我来告诉你原因。因为，我，埃里森，这个行星上第二富有的人，是个退学生，而你不是。因为比尔·盖茨，这个行星上最富有的人——就目前而言——是一个退学生，而你不是。因为艾伦，这个行星上第三富有的人，也退了学，而你没有。

你们非常沮丧，这是可以理解的。因为你没辍学，所以你永远不会成为世界上最富有的人。哦，当然，你可以。也许，以你的方式进步到第10位、第11位，就像Steve。但我没有告诉你他在为谁工作，是吧？根据记载，他读研究生时辍的学，开化得稍晚了些。

现在，我猜想你们中间很多人，也许是绝大多数人，正在琢磨："我能做什么？我究竟有没有前途？"当然没有。太晚了，你们已经吸收了太多东西，以为自己懂得太多。你们再也不是19岁了。你们有了"内置"的帽子。哦，我指的可不是你们脑袋上的学位帽。

嗯，你们已经非常沮丧啦，这是可以理解的。

我要告诉你，一顶帽子、一套学位服必然要让你沦落……就像这些保安马上要把我从这个讲台上撵走一样必然……（此时，拉里·埃里森被保安带离了讲台）

这是一篇狂妄而偏激的演讲，也被称为是"20世纪最狂妄的校园演讲"。但是我们认为，拉里·埃里森演讲的主旨并不是想在美国名牌大学的学生面前炫耀一个退学生的成功，而在于指出高学历的"误区"：大学教育已经让你们"吸收了太多东西，以为自己懂得太多”，“你们有了‘内置’的帽子”。这顶“内置”的帽子，可能会限制高学历者的思维。另外，它很容易导致高学历者自视过高，自认为“不值得”做的事情太多。

年轻人本来就有几分初生牛犊的傲气和浮躁，如果再有高学历，傲气当然就更盛了。基于这种心理，这些“吸收了太多东西，以为自己懂得太多”的高学历者，认为自己一开始工作就应该得到重用，就应该得到相当丰厚的报酬，往往会对手头上琐碎的工作感到不满，常常抱怨“如此枯燥、单调的工作，如此毫无前途的职业，根本不值得自己去做”，动不动就有“拂袖而去”的念头。

但是二十几岁的年轻人要知道，在这个讲究精细化的时代，细节和小事往往能反映你的专业水准和内在素质。当天平处于平衡状态时，在一方加入再小的砝码也会使之倾斜。当你与别人的实力不相伯仲时，是否在小事上下工夫就成了决定成败的关键。

所以，二十几岁的年轻人应该从点滴做起，用一个个微小的成绩铸就自己工作与事业的辉煌，不要恃才傲物，成为“怀才不遇式”的悲剧人物。

关键时刻勇于为老板“补台”

从个人感情上讲，每个上司都喜欢有一个为自己“拾遗补缺”的下属。如果你能在适当的时候，为上司填补工作上的一些漏洞，维护上司的威信，对自己的事业及前程当然大有好处。

某个公司的部门经理对总经理抓好公司业务的同时，又结合自己的工作实践撰写了一本《经商之道》书稿一事，这样称赞道："你在企业工作真是一个错误的选择，如果你专门研究经营管理，我相信你一定会成为商务管理的专家，会有更加突出的成果问世。"

总经理听完部门经理的一席话，不满地说："你的意思是说我不适合做公司的总经理，只有另谋他职了？"见总经理产生了误解，本来想给总经理"戴高帽"的部门经理吓得头冒虚汗，连忙解释说："不，不，不，我不是这个意思，我是说……"

这时，秘书过来替部门经理打了个圆场，说道："部门经理的意思是说您是个多才多艺的人，不仅本职工作抓得好，其他方面也非常出色。"

金无足赤，人无完人，上司也是如此。工作千头万绪，用人管人千难万难，疏忽和漏洞在所难免。这时候，作为下属就应该主动出击，帮助上司"补台"。无论哪个上司都喜欢给自己补台的人，如果你在关键时刻给上司来个"落井下石"，那么你就要小心自己的前程了。

一般地讲，领导有几愿几不愿，主要表现在以下几方面。

第一，领导愿意做大事，不愿做小事。从理论上讲，领导的主要职责是"管"而不是"干"，是过问"大"事而不是拘泥于小事。实际工作中，大多数小事由下属承担。

从心理学的角度分析，领导因为手中有较大的权力、较高的职位，面子感和权威感较强，做小事在他看来显然降低了自己的“身份”，有损上级领导的形象，小事就只能由下级分担了。

第二，领导愿做“好人”而不愿做“坏人”。工作中矛盾和冲突都是不可避免的，领导一般都喜欢自己充当“好人”，而不想充当得罪别人或有失面子的“坏人”。

第三，领导愿意领赏，不愿受过。闻过则喜的上司固然好，但那样高素质的人却寥寥无几。大多数领导是闻“功”则喜，闻“奖”则喜，鲜有闻过而喜者。

二十几岁的年轻人学会适时为上司“打圆场”，既在关键时刻为上司挽回了面子，又充分体现了自己的机智及对上司的忠诚，上司怎能不对你另眼相看？你又怎能不在职场丛林里游刃有余呢？

不要向老板挑战

在《杜拉拉升职记》里有这样的一幕：

DB商业客户部原销售总监彼得章本来是个聪明过人的角色，销售水平高，经验也丰富，但是他不服刚来DB的中国总裁何好德，明里暗里和总裁对着干。他曾经成功地把前任总裁逼走，这次是要再把何好德逼走。结果，彼得章不但没达到目的，反而被何好德炒了。究其原因，全在于他自不量力，最终不得不向老板“妥协”。

在发现自己的观念、性情和老板不一致的时候，想一想，是站在老板的一边与之共同成长，还是仗着自己的优势，和老板进行对抗？哪一条才是你心里的光明大道？你是激进派还是保守派？不管是何门何派，你是否充分考虑了“维护自己的利益”这个大前提？

彼得章公然挑衅何好德，他的强攻制造了浓浓的火药味，如此公然的挑衅就相当于宣战，意味着撕破了脸。彼得章很聪明，但他的聪明带着过于嚣张的成分。即使在这场战役中他处于优势，有胜算的把握，或者即使得到了成功的结果，对比何好德的低调，他承担的风险系数还是远远高于对方的。

要知道，你并不是老板，相比较老板这个位置，你一定存在客观上的劣势。更何况，你的老板之所以能做到这个高度，必定

还是有些能耐的，没有一定的思维和处事能力，又怎能担当重任呢，如果你的对手全是何好德之类，那等着你的就是被对方不动声色地给收拾了。

再客观点说，即使理念再不相容，赤裸裸地呈现自己的意图——让老板向自己妥协，就是聪明之举么？

换位思考一下，如果你是老板，有人跟你叫板，你会怎么对付他，之后你就该知道和老板对招后的危险处境了，除非你更能审时度势，更善用策略，否则必败无疑！没有一个老板可以容忍一个故意和他作对的人。所以，不要学彼得章给自己挖坑，否则，掉进去的迟早都是你自己。

陆泉在一家文化公司上班，取得的业绩有目共睹，他是一个非常有能力的人。但是他瞧不起周围的同事，更不喜欢上司对他指手画脚，因此经常会忤逆上司的意思。对自己不赞同的意见，不是假装听不到，就是直接和上司较劲。时间久了，上司看出了他不服的心思，开始疏远他。陆泉被打入了冷宫，职场前途一片黑暗。

陆泉忍无可忍，与上司大吵了一架，愤然摔门离去。陆泉失去了一份令人羡慕的工作，只好重新开始寻找属于自己的天地。但如果他跟下一位上司的关系仍旧紧张，是否还会摔门而去另觅出路呢？

陆泉恃才傲物，连自己的上司都不放在眼里，常常向上司叫板，最终失去了工作。相反，如果他能收敛一些，主动向上司妥协，那么，凭借他那出色的才能，又会是一个什么样的结果呢？

尽管老板不可能总是对的，但是跟老板对着干总是不对的。身在职场就应该把服从放在第一位，对待上司要绝对的忠诚，而服从则是忠诚的表现形式。失去了服从，便失去了饭碗。挑战老板，最终会打破自己的饭碗。

老板最讨厌什么样的员工？相信大多数人都会说是那些不服从领导的员工。如果问他们如何管理这样的员工，他们一定会回答：炒鱿鱼。因此，那些被老板赏识的员工都是绝对服从命令的，虽然他们也会提出自己的建议，但是仍然会听从老板的指示。

员工服从老板是开展工作的首要条件，这是无可争议的。但是职场中很多人自命清高、个性倔犟，总认为老板的决策太过幼稚和愚蠢，因此不服从指示。最终，他们往往自食其果。

先升值，再升职

职场中的许多人可能都有这样的心理：“老板不重视我，我的能力没有发挥的空间。”其实，不是老板不重视你，而是你的能力和经验还没有提升到一定的高度。如果能够明白“先升值，再升职”的道理，踏踏实实地工作就能取得事业上的成功。

“先升值，再升职”是职场人士的生存之道，也是施展自己才能，发挥最大价值的途径。在如今这个竞争激烈的年代，如果不主动升值就意味着不断贬值，那么等待你的不仅不是升职，反而是被淘汰的命运。

蒋凡初进公司的时候只是一名普通的业务员，后来一步一个脚印，由业务员成长为公司的市场部经理，随后又成为公司的市场总监。蒋凡究竟是如何一步一步成长起来的呢？让我们看看他由市场部经理成长为市场总监的过程。

成为公司的市场部经理后，蒋凡很快就对自己的工作有了一个正确定位：在企业的营销过程中，市场部经理的位置十分重要，一个优秀的市场部经理，在很大程度上能够协助市场总监完成营销战略任务。蒋凡认为一个优秀的市场部经理必须具备以下 4 种基本素质：

（1）具有营销策划的能力。因为市场部的职能首先是为营销服务，如果一个公司的营销流程缺乏一个鲜明的营销目标来总领，那么这个公司的营销质量就不会得到很大的提高。

（2）具有品牌策划的能力。品牌策划是一个很宽泛的概念，每个企业都能碰上，市场部经理最基本的责任就是把本企业的品牌在本企业所处的具体环境中迅速做大做强，让品牌快速成长。

（3）具备产品策划的能力，也就是具备从一个在设计、立意等方面配合产品的营销主题。

（4）具有对市场消费态势潜在性的分析能力。如果公司的市场部经理或者市场总监能够对未来发生的消费态势进行一些前瞻性的捕捉，掌握领先一步的策略，那么公司以后的道路就会走得更好一点。

后来，蒋凡又认真研究了大多数公司对市场部经理的更高要求，他觉得自己应该在目前的能力基础上进一步学习，以提升自己的工作能力。

首先，他从掌握各项营销策划入手进行学习，因为他过去从事的是广告策划工作，对营销政策知之甚少。接着，他又开始不断强化自己的执行力，因为他发现自己对于公司营销推广的整个过程的监控实施力度很小。另外，蒋凡认识到自己的市场应变能力很差，缺乏市场销售过程的锻炼和市场销售经验，这是他在工作中最大的软肋。

有了这些深刻而全面的认识之后，蒋凡开始逐步提升自己的业务素质。他首先对自身这些不足进行弥补，先让自己成为一名优秀、称职的市场部经理。后来他又用了 3 年的时间亲自参与营销实践。与此同时，蒋凡学习了丰富的组织管理知识、全面的法律知识和财会知识，因为这些知识在工作中很有用处。当然，培养对团队的掌控能力也是蒋凡学习的一个重要方面，如果控制不了下属团队，那么一切都是空谈。

通过几年的认真学习和实践锻炼，蒋凡如愿以偿地成了公司的市场总监，他为公司的市场营销工作做出了突出的成绩。担任公司市场总监后，蒋凡仍然不断充实自己。现在，蒋凡已经成了公司中不断成长的楷模，董事长总是让其他员工向善于成长的他学习。

蒋凡成长的例子就是先升值再升职的典范，有时候不是老板不升你职，而是你根本没有这样的能力，所以二十几岁的年轻人不妨放平自己的心态，先努力积累经验，当你真正有能力时，升职也不会是什么难事了。

工作中每一步台阶都需要相应的知识储备与相匹配的能力，当你选择了一个行业，进入一家公司工作后，如果要升职，你就必须不断地学习和锻炼，让自己的能力升值，给老板一个提升你的理由，这样你才能拥有自己想要的东西。

晋升：早“下手”为强

在自然界里，静止是相对的，工作也是如此，因为工作就是向一个永远也不能完全达到的目的接近。现实生活中，每个人都规划了自己的职业之路，都希望自己的职业生涯一片光明，而要想达到这个前景，每个人在规划自己的职业生涯时，都需要考虑多方面的因素，而这些因素都将成为你晋升路上的“粮食”，只有早“下手”，晋升之梦才能早日实现。

作为职场人士，你要时刻为升职加薪做准备，循规蹈矩是不能创造升职机会的，因为天上不会掉馅饼，只有不断地寻找和创造机会才能达到升职的目的。要想得到机会，首先要为机会做好一系列的准备，常言说得好，“不打无准备之仗”，机会总是留给有准备的聪明人的。

1.做好身体方面的准备

要有良好的精神状态和健康状况。首先要有精神。精神是支柱，整天无精打采的员工是得不到晋升机会的。其次要有健康的体魄。俗话说：“身体是革命的本钱。”如果没有这个本钱，再好的机会也将从你身边溜走。不论你多么有才干，如果身体素质差，老板是不敢将重任托给你的。因为超强度的工作需要健康的体魄。另外，要保持强健的体魄，就要有充足的睡眠、适当的运动和均衡的营养，这三个要素，缺一不可。要坚持每年体检一次，及时发现潜在病情，防患于未然。要坚持锻炼身体，生命在于运动这个道理人人都知道，但真正要做到就必须有恒心和毅力。

2. 做无私的人

老板最担心的是用错人。如果用一个只知道追求私利的人，就会给公司带来负面影响，因此，应让老板知道，你并不是追逐名利的自私之辈。你之所以要得到这个职位，是为了实现自己的理想，为公司获得更高的利益，所以无论成败与否，你都要表现出大

将风度，不以一时的成败论英雄，将眼光放长远一些，为下一个更好的晋升机会做准备。

3. 发挥各方面的才能

别老是专注于一项工作技能。虽然专心投入一项工作是获得领导赏识的主要条件，但除了做好本职工作外，也要让领导知道，你具有各个方面的才能。在其他同事放大假时，你可以主动提出替同事处理事情。这样做，一则可以从中学到更多的东西，二则证明你对公司有归属感。

当然，如果你是一个积极进取和自信的人，在一个理想的环境之下，遇到公司有高职位的空缺，如果你对这个职位有兴趣的话，也不妨按照以下的建议来做：

（1）了解该职位谁有资格胜任。所谓知己知彼，百战百胜。虽然了解别人并不一定能够必胜，但是至少你能由此知道，需要拥有什么条件才能获得晋升，从而为晋升做好准备，打下基础。

（2）不妨让领导知道，你对该职位有兴趣，而且提出具体的论据，证明你有足够的资格胜任那个职位。实际上，不少领导为了选择合适的人大伤脑筋，而你这样做是在给他解决难题。正如毛遂自荐，你也需要具备一定的自我推销能力。

（3）平时要多为公司作贡献，而不是考虑晋升后能得到什么报酬，这一点很重要。领导最讨厌的就是只会一味追求私利的人，如果把这种人提升到较高位置，对公司的发展不会有任何好处。因此，你应该让领导感到你是有很强事业心和责任感的，让他觉得你之所以想得到较高职位，是为公司的前途和利益着想，是为了实现自己的人生目标。

二十几岁的年轻人在职场上要时时刻刻为晋升做准备，一旦机会来临，不要犹豫，早“下手”为强。

擦亮眼睛，做晋升路上的“机会主义者”

对于职场中期待晋升的人士而言，最大的苦恼在于找不到一个晋升机会。其实机会不是靠等待就能得到的，常常听到人们感叹机会难得，有些时候，机会也要靠有心人去主动制造。同时，机会一旦出现就要牢牢抓住，没有抓住的永远都不能叫作机会。

要抓住机会，首先要有一双能够发现机会的眼睛。作为下属，应学会慧眼识机会，如果对机会女神的来访一无所知，失之交臂，终将悔之。俗话说：“通往失败的路上处处是错失了的机会。”要发现机会、寻找机会，首先，要有开阔的胸怀、广阔的视野，把眼光放在更广阔的领域，而不是局限于某个狭小的范围内或某个单一的渠道上；其次，要善于分析，“拨开乌云见太阳”，机会常常乔装打扮以问题的面目出现；最后，要乐观，不要仅看到眼前的问题，更要发现问题后面的机会。

美国著名行为学家魏特利博士说：“悲观者只看见机会后面的问题，乐观者却看见问题后面的机会。”发现机会是以主体自身的才能和努力为前提的。人们常说“打江山容易守江山难”，那么用于机会就是“发现机会容易，抓住机会难”。要抓住机会并获得机会需要我们用心去做，下面几点也许会让你有所收获：

1.处变不惊

冷静的人很多时候会得到称赞，老板、客户甚至其他同事会对处变不惊的人另眼相看。如果时常保持镇定，心理上可随时对付难题，自信心也会增强，晋升的机会自然大增。处变不惊考验个人的素质和临场经验，所以要敢于处理突发的难题，处理多了，你的应急能力便会加强，当然，那个时候你就会处变不惊了。

2.助老板一臂之力

公司考虑发展大计的时候，正是你显示才华的机会，如果你能花时间认真思考，提出一些颇有建设性的意见，老板自然会对你另眼相看，你被提升也是意料中的事。

3.别让老板等待

任何人都不要忘记老板的时间比你的更宝贵，当他给你一项工作指标时，这项工作比你手头上的任何事都重要。如果你正在与别人通话，让老板等待，哪怕是短短的十几秒，不要让老板等待。如果打来电话的人是你的客户，当然不能马上终止对话，但你要让老板知道你已知道他在等你，例如给他使个眼色，用口型说出“客户”或写张小便条给他。

升职路上的机会有时要靠自己创造。怎样创造属于自己的机会呢？要分两步走：

第一步，给自己准确定位

通过给自己准确定位，你就能够创造机会。你可以定位于某种不够完善的服务，也可定位于一种新趋势。一旦发现市场上有这种需求，你就要从各种角度客观分析，然后发挥自己的创造性，看看自己怎样才能满足这种需求。这一策略对于创业和求职都是适用的。这样做，你可能会想到更好、更快或更高质量地完成某事的方法，也可能会获得提供一种全新服务的创意。

第二步，付出先于收获

向成功迈进的最好办法之一是付出。当你在自己拿手的领域付出时，这种方法将收到双倍的效果。无论你是主持一个免费的产业趋势博客论坛、撰写并发表免费文章，还是在产业活动中充当志愿者，你都在以有意义的方式提高自己的专业技能，并吸引人们的注意。另外，要确定你所想要的和你所能接受的东西是什么，你的目标是什么。是得到一个职位，是找到自己想干的事情，还是为了出名？

机遇和时间一样来去匆匆。如果二十几岁的年轻人不懂得将其牢牢抓住，它就会和时间一起从你的指间滑落，留下的只是悔恨和惆怅。

因此，职场中，二十几岁的年轻人应该擦亮眼睛，看准时机，主动把握时间，必要时创造机遇，做一个实实在在的“投机分子”，牢牢地将机遇抓在手里，一刻也不放松。

用点小术盖住老板心中的痛

二十几岁的年轻人，不要总认为术就是一些反面的观点。事实上，诡计是职场做事必需的技巧，只要不影响道德本质即可。

明军被公司炒了鱿鱼。很多人不理解，因为他的销售业绩一直不错。他的一个好朋友问他，他才道出了其中的缘由。

有一次，明军陪同老板参加一个高新技术产品洽谈会。在饭厅就餐的时候，有一个人阴沉着脸朝他们走过来。

明军认出他曾经是公司的竞争对手，因为在一次商战中被打败，而且败得很惨，使其所在公司蒙受了巨大的损失，所以被炒了鱿鱼。他从此对明军的老板怀恨在心，双方从竞争对手变成了敌人。这次忽然在洽谈会上遇见，他扬言让明军的老板等着瞧。明军忍不住担心地看了一眼老板，老板很紧张地说：“小心他。”

那个人走到老板对面，倒了一杯葡萄酒端着，冲老板阴险地一笑，突然将葡萄酒向老板的脸泼去。老板没来得及做出反应，就被泼了个正着，红色的葡萄酒顺着脸向下淌，仿佛满脸鲜血。老板摸起餐桌上的纸巾擦拭的时候，那个人已经潇洒地走了。

明军当时愣在那儿了，他醒过神来的时候，老板已经转身离开了餐桌。周围的人都好奇地冲他们张望着，有的人还窃窃私语。

从此，老板就不再给明军好脸色看了。明军明白，老板恨死他了。老板肯定是这样想的：我已经提醒你了，你应该挡住那杯酒，或者在对方还没泼出酒的时候，先把矛盾化解了，至少也不能让对方那么潇洒地离开，怎么也该冲上去理论一番。

事情虽然已经过去了，明军也想通过努力工作，为公司多创造效益来表达对老板的歉意，但是老板根本不领情。在年底的裁员中，他理所当然地被裁掉了。

人事部在他的解聘通知书上写的辞退理由是："缺乏灵活处理问题的能力。"

明军明白这是给老板抓住了把柄，但也只好走人，他明白，在这样的老板手下干，永无出头之日。

在职场中，当你同老板在一起的时候，一旦老板处于丢丑的边缘，你一定要积极应对，而不是做一个冷漠的看客。如果不能避免老板丢面子，你应赶快躲开，而不是目击老板受辱。只要有一丝可能保全老板面子希望，就要冲上去挽救，即使保全不了老板的面子，老板也会理解你。如果你在危机面前无动于衷、束手无策，甚至幸灾乐祸地看老板的笑话，事后老板一定不会给你好果子吃。

在职场，做人是道，做事是术。道合理地用在术上才能取得理想的效果，术不断地积累才能总结为道。明军之所以成为老板心中的痛，是因为他没有术的运用，没有术的经验，更谈不上道了。二十几岁的年轻人应该以此为鉴，懂得用点小术盖住老板心中的痛，让自己的仕途之路越来越顺畅。

既要努力工作，也要适当表现

在职场，如黄牛般默默无闻的苦干家为数不少。有人认为这是美称，这是温暖的赞扬。其实，这是一种“傻”的表现。当这种傻没有得到认可和回报的时候，一味地傻下去意义何在？大概很少有人愿意空着肚子自我陶醉，毕竟嘴巴还是要吃饭的！

可是，纵观职场，发现当黄牛者总是埋着头踏踏实实地耕耘着自己那一亩三分地，他们甚至乐呵呵地接过同事强塞的活儿，抱着绝不给老板惹麻烦，什么问题都自己解决的理念。结果呢？辛苦耕耘，最后却只能埋在人堆里，即使跳起来也进不了老板的视线。眼瞧着别人风光无限，而自己始终灰头土脸，于是忍不住埋怨老天爷近视眼，看不见自己挥洒的汗水。甚至暗骂老板有眼无珠，见不着自己的忠诚、勤奋、踏实、敬业和能力……

李娜只是公司里一名默默无闻的小职员，她对自己的境地很不甘心，不过，她认为机会是不会自动降临的，只有自己努力创造条件，才能得到机会的青睐。

为了提高自己的工作能力，李娜买了一些管理学和一些与工作相关的书籍，一边上培训班，一边利用空余时间自学。很快，李娜内在的提高就使她处理问题驾轻就熟起来，不仅如此，对于自己工作以外的事情她也能提出非常有价值的建议。于是，她就经常主动和领导沟通，把自己有价值的观点汇报给领导，并常常得到领导的赞赏。

如此一来，李娜引起了公司各个层次领导的重视。于是，上司在做决定时，也希望能听听她的意见，然后才做出明确的决定。与领导接触的机会多了，李娜在领导面前的工作就更加卖力了，而且总是寻找各种机会表现自己的才能，由于她的勤奋肯干和突出的能力都被领导看在眼里，所以领导对她越来越重视了。

渐渐地，李娜的名声很快在业内传播开，有几家大公司想把她挖走。对李娜的工作表现，公司领导也非常满意，因此给她提供了更大的发展空间，并帮助她解决了很多实际困难，以使她能够安心工作。

李娜成功了，她不安于埋头苦干，而是选择了正确的方法更好地表现自己、展示自己，从而成为职场中很有晋升前途的一员。

李娜的例子告诉二十几岁的年轻人，在职场，不要认为什么事情自己默默干了，不给老板添麻烦，老板就会喜欢你。关键的是让老板知道你的重要性。所以，你就要学会在适当的时候积极表现自己。不过要注意，积极表现并不等于爱出风头，而是要让老板看到自己工作的困难和繁重，看到自己处理问题的能力，进而得到上司的肯定和赏识，为自己的发展添砖加瓦。

职场中那些所谓的“红人”，不一定有高人一等的智商、超越常人的交际能力，也不一定有卓越的领导技巧，而是他们懂得运用自身拥有的一切资源。因此，二十几岁的年轻人在工作中要主动运用我们的大脑，找准自己的职场坐标，善于表现自己，既要有实力，又要有表现力。只要有机会就要勇于把握，让自己变得无可替代。掌握了这个技巧，在通往成功的路上往往就能够顺畅得多。

把功劳让给老板是明智的捧场

被别人超过是很令人恼火的事情，超过自己的领导，对自己会有非常不利的影响。但如果让出功劳，必会得到领导极大的好感。

面对成绩，把奖状和荣誉都归于老板，然后你才能心安理得地与之共享利益。换个说法就是，功高切莫盖主，让老板感觉他永远是最优秀的那一个。

其实功高不盖主的道理我们大家都懂，只是有的时候在行事上少了一丝谨慎，你就可能抢了老板的风头。

欧洲曾有一位国王，挥霍奢华。因而他的财政大臣就决定策划一场前所未有、最为壮观的宴会，来讨国王的欢心。他邀请了很多显赫的贵族以及著名的学者。名流剧作家甚至还为这次盛会写了一个剧本，准备在晚宴时竞相登场，予以表演。

宴会之后，众嘉宾一起参观财政大臣特意为国王修建的别墅、庭院和喷泉。财政大臣本人陪伴着国王走过呈几何图形排列的灌木丛和花坛，观看烟花和戏剧表演。宴会一直延续到深夜，宾主尽欢，人人都认为这是他们见过的最令人赞叹的盛事。

然而出人意料的是，第二天一早，国王便下令逮捕了财政大臣。3 个月后，这名财政大臣被控私自侵占国家财产。事实上，他被指控的罪行全部得到过国王的许可，但财政大臣还是被送上了断头台。财政大臣为了讨好国王置办盛宴，但在这个宴会上出尽风头的不是国王。国王希望自己永远是众人注目的焦点，这样的配角地位自然是无法忍受的。

因此，你一定要记住，永远让你的上司感觉到他比你优越。在你渴望取悦他们、令他们印象深刻的同时，不要太过火地展现你的才华，否则你可能会适得其反，激起上司的畏惧和不安。在人事调动中，优秀而有实力的人来到一个部门，上司表面上如虎添翼，私下里却忧心忡忡，他担心的是自己某一日会不会被你挤走。因此，聪颖的下属要学会遮掩自己的才华，以虔诚愚钝来衬托上司的高明，从而获得领导的赏识和垂青。对某项工作有见解，明里不说，底下献计。虽然在群众中没有面子，但却给上司增添了光彩，从而使上司对你欣赏有加。

明代时，某年突遭大灾，民不聊生，许多地方发生了暴动。某地官员安民有方，不但平息了暴动，还带领当地人民重建家园。经过几年的治理，当地社会稳定，百姓安居乐业。这位官吏得到了人民极大的拥戴，名声响彻朝野。

皇帝突然在此时召见这位官吏。临行前，他座下的一位谋士前来求见，问他："天子如果问大人如何治理地方，大人打算怎么回答？"这位官吏坦然地回答："我会说任用贤才，使人各尽其能，严格执法，赏罚分明。"谋士连连摇头道："非也非也。此话将陷大人于不利，在天子心中，大人声名已经过于显赫了，再自夸其功，后果不堪设想。"这位官吏心中一惊，"功高震主"的人往往没有好下场，这样的教训已经够多了。

于是在皇帝召见时，这位官吏一再推辞奖赏，只说"都是天子的神灵威武感化所致"，皇帝果然龙颜大悦，将他留在身边，委以重要的官职。

做下级的，最忌自以为有功便忘了上司。古今中外，许多事实证明，功高震主之时，往往也是失宠之日。不在乎被比下去、重视人才、超凡脱俗的上司毕竟是凤毛麟角，在大多数人的心中，都或多或少藏着"嫉妒"的鬼火，一旦你的光芒太过耀眼，成绩太过卓著，上司在你身边，便会觉得自己暗淡无光，更会有地位被你动摇的惶恐，他们会很自然地将你视为竞争对手、心腹大患，而你在不知不觉中，就已面临着一场灾难。

领导希望自己的下属能干，但又不希望他们太能干，这就是矛盾之处，而要调解这个矛盾，就需要你慷慨地将功劳让出，说不定你会因此得到比功劳更多的东西。二十几岁的年轻人，精力和时间都还很充足，不要和领导争一时的利益。适当地将自己的功劳让给领导，当领导卸任的时候，也许你便会是他的接班人。

第七章

恋爱不仅要情怀，还要使点“坏”

借鉴《恋爱兵法》，爱到深处不妨“趁火打劫”

恋爱中最痛苦的莫过于单相思，喜欢你的人，你不喜欢；你喜欢的人，不喜欢你。正所谓“强扭的瓜不甜”。恋爱是两个人的事，勉强的感情不会幸福，只会造成彼此之间的折磨和痛苦。生活中有太多的不完美和无奈。每当我们情到深处，爱一个人爱到疯狂的时候，上苍似乎总喜欢捉弄我们，难道“爱”的温度是零？“爱”不能温暖和融化对方的心吗？喜欢一个人最后却只能远远地望着他（她）吗？

爱是没有先后，没有对错的。爱是勇敢的争取而不是卑怯的放弃。所以，要想抓住喜欢的人的心，首先要学会“趁火打劫”。

“趁火打劫”的原意是，趁人家家里失火，一片混乱，无暇顾及的时候去抢人家的东西，趁机捞一把。所以，趁火打劫的行为一直为人们所不齿。因为乘人之危毕竟显得不太光明，非君子之道。但是，在爱情的战争里是指，当对方在最失意、最痛苦的时候，送上你的温暖，最容易打动对方的心。因为，在一个人最脆弱的时候，如果有人陪着他（她），他（她）会感到异常温暖和欣慰，会因此敞开自己的心扉，从而拉近彼此之间的心理距离。

在爱情中，要了解对方的所需，在他（她）最需要的时刻送上自己的帮助，但一定要心存善意和真诚，否则会弄巧成拙，引火烧身。此外还要把握住“打劫”的度，千万不要让这个本来是联系感情的好时机，变成对方厌烦你的时刻。

在《恋爱兵法》这部电视剧中，王文清和金正浩之间的“爱情战争”，就经常采用“趁火打劫”这一招。王文清要负责欧阳明明的行程宣传，而金正浩要负责公司的管理，两人都有难以分担给其他人的责任，也有因为工作而焦头烂额的时候。所以，这时采用“趁火打劫”的一方往往能收到奇效，捕获自己的爱情。

在电影《乱世佳人》中，白瑞德为什么坐在牢房里就能等到思嘉这位佳人自动送上门来？靠得就是这招“趁火打劫”。凭借着对大局的准确把握，他在亚特兰大几次架着马车，载着佳人冲出熊熊大火，然后在远处火光的映衬下向心上人索吻的举动，确是当之无愧的“趁火打劫”。

“亲爱的，我爱你，所以为你挨骂、玩绑票、装阅读障碍，甚至差点牺牲了可怜的企鹅朋友，即使你第二天就忘得一干二净，我也依然焦头烂额地日复一日——我打劫了你的爱，你偷取了我的心。”此情此景，心爱的他（她）能不跟你走天涯吗？

人是有感情的动物，或许很多人习惯冰封自己的心，总是一副拒人于千里之外的样子，让人无法靠近。但其实，他（她）一直在等待一份能温暖自己心的“爱”。

我们要学会“趁火打劫”。在最恰当的时刻，最恰当的关头，最合适的尺度进行“打劫”，这样才能“劫”得自己的“爱”。

甜言蜜语不妨多说一点，爱情才不会枯萎

有这样一些夫妻：婚后很少甜言蜜语；从不向对方认错；两人从不讨论夫妻生活问题；很少去想对方需要什么；常常觉得夫妻聊天是浪费时间；喜欢一个人做事，不愿意与伴侣商量；认为取悦对方是庸俗的；搞不清伴侣对自己的感情如何；一方做了件自以为得意的事，对方却不以为然；遇到矛盾或问题，夫妻俩经常生闷气；有些事心里很不满，可又怕说出来伤了夫妻感情；不知道另一半对自己哪方面不满意；伴侣生气时，常常置之不理；一方谈论想法时，另一方往往心不在焉；两人在一起时，常常觉得无聊；很少去探究对方为什么总是情绪不好。如果婚姻生活中有上述表现，就会在“沉默”中埋下隐患，必须予以高度重视。要知道，爱不仅应该在心里，更应该说出来。

雷是正宗的北方汉子，脾气憨厚，不拘小节，不懂怜香惜玉、温柔体贴，但他事业心强，办事干脆果断。妻子英是典型的南方人，知识女性，出身书香门第，性格温柔矜持，不喜欢张扬。当年，她正是为雷独特的个性所吸引，才当了他的爱的“俘虏”。

雷是一个不甘平庸的人。20 世纪 90 年代初，改革大潮汹涌

之时，他毅然从机关单位辞职南下投身商场，当起了私人企业的老板，成了地地道道的生意人。正当他的事业方兴未艾之时，他认识了温柔可人的英，二人喜结良缘。

结婚之初，雷与英双宿双栖，比翼齐飞，好不恩爱。雷虽然不擅长用甜言蜜语哄妻子，但他总是会将他在生活与工作中遇到的许多事情栩栩如生地讲给妻子听。虽然在他眼里，这些纯属废话，讲了妻子也未必听得懂，但他非常满足于妻子依偎在他怀里，竖起耳朵，细细聆听的那副娇态。那一刻，他觉得自己就是妻子的天，为她遮风挡雨，避灾驱祸。于是，枕畔蜜语间，喁喁私语时，都成了他们小两口最幸福的时刻。

可是，随着雷的事业日渐发展壮大，那种甜蜜时光已渐渐远去。雷成年累月地奔波于生意场，每次回家总是来去匆匆，几乎没有时间和精力陪妻子。他们再也没有那种两情相依的时刻了，两人每日的对话屈指可数。

英对于丈夫这种把家当作旅馆的生活方式很不满意，她需要家庭的温馨与慰藉，更需要丈夫的体贴与温存。她怀念新婚时光，这种旅馆式的家是残缺的，令她难以忍受。起初，她总是劝说丈夫："我知道你很忙，但是再忙，能不能在家里多待一天半天呢？那些可参加可不参加的事情能不能推掉呢？你的家中有妻子、有孩子，我们可都时刻盼着你回来呢！"

但是，雷对妻子的这些劝说却总是不以为然，嘿嘿一笑之后，依然我行我素，终日沉浸于商海之中。

这样的情况让英忍无可忍，她觉得这样下去，家不再像家。她痛苦极了，原本温柔、不愿张扬的她突然泼辣、厉害了起来，有一次借机和丈夫激烈地吵了一架。

她大声哭骂着，骂丈夫是个不懂感情生活的冷血动物，骂丈夫根本不理解什么叫婚姻，不知道什么叫生活，责问丈夫是否能体会到一个女人每晚独守空房，等待一个不知归期的人归来的滋味。她斥骂丈夫："你简直是个文盲！你应该去请教一下字典，看看孤独、寂寞、忧郁是什么意思！你的妻子就快有精神病了，你却只知道赚钱做生意！"

没想到这一吵反而把雷吵得翻然醒悟，从此"痛改前非"，经常待在家里，陪在妻子身边，与她谈天，聊聊家常琐事，他对家越来越眷恋。英看到丈夫“深刻”的变化，心里十分欣慰，对丈夫更加温柔体贴，对丈夫的事业更是热心支持和帮助，两个人的婚姻生活重归和谐美满。

据心理学家测定，世界上最孤独的人，是那些仅有肉体接触而没有感情交流的夫妇。可见，感情的阻隔对婚姻关系的破坏有多么大!

细心的丈夫们稍稍留心一下便会发现，恩爱夫妻无不善于运用各自不同的方式来向对方表达爱意，这种感情的沟通便是婚后夫妻感情不断深化的根本保证。许多夫妻对此颇有招数。

结婚以后，大多数做丈夫的只是用行动来表达对妻子的体贴、关怀和爱慕，而很少说一句“我爱你”。固然，行为沟通在已形成高度默契的夫妻中可以传递比语言更丰富的信息，但这样的夫妻毕竟是太难得了。特别是对于尚处于磨合阶段的年轻夫妻，由于行为所包含的信息过于丰富，对方不一定都能感受得到。因此，用语言表达情感是十分必要的。

此外，对言语沟通如果过分压抑，可能会导致情感交流的彻底阻隔。当双方只习惯于程式化的日常生活时，便会觉得对方没有感情需要了，于是便更加压抑自己的情感，如此恶性循环，最终便真的冷漠了。

与妻子保持情感交流渠道的畅通，是聪明丈夫“对付”妻子的很关键的一招。在妻子生日或其他有纪念意义的日子，向妻子献一束鲜花或其他小礼物，在与妻子单独相处时向妻子说一声“我爱你”，对想永远关爱、照顾妻子的丈夫来讲，这永远不是多余的。

男人要会“哄”，女人要会“柔”

妻子哭着对丈夫说：“又要出差，好，我不拦你。你把你的宝贝儿子抱着一起出差去！你倒轻松，拍拍屁股，走了！把家里的事扔给了我，我受够了！你一年到头不在家，家里什么也不管，让我母兼父职，既当娘来又当爹。我这是有男人还是没有男人？别人为什么不必这样？就你一个人受器重？我好命苦，谁知道我好命苦哇！”

丈夫说：“乖，求求你，别哭了，我的好太太。你的苦，我都知道。我常对人说，我有个好妻子，别人没法比。谁的妻子有你那么贤惠，那么漂亮，那么温柔，那么洁身自爱！”

妻子：“喂！别给我灌迷汤，想把我灌糊涂了，你好走人吗？”

丈夫：“我发誓！我要是骗你，罚我四条腿在地上爬，就这样爬，这样爬……”

妻子终于破涕为笑。

丈夫：“我这回出差，给你带一条巴黎绸的长裙，保证让所有的女人看了都眼红，既羡慕又嫉妒！”

妻子：“要粉红色带金线的。”

丈夫：“车要开了。”

妻子：“冰箱里那几个苹果带着路上吃。少喝酒，少抽烟！”

这就是“哄”。

夫妻相处，就需要把“哄”当润滑剂。一“哄”值千金，那些尝过“哄”字甜头的丈夫们，一定深刻体会了其中的妙处。

“哄”字常和“骗”字连在一起用，就成了一个贬义词。其实，家庭生活中离不开这个“哄”字，比如，孩子被“哄”得睡着了。并非只有孩子才需要“哄”，大人也一样，特别是女人。懂得了这一点，做丈夫的就应该学会“哄”妻子，且要“哄”得得体而有技巧。倘能如此，你一定会收到意想不到的效果。

一位年轻的编辑策划、编撰了几本畅销书，事业正如日中天，只是稍不注意，就冷落了带着孩子的爱妻。早过了晚餐时间了，他才回家。妻子自然不高兴，话也就越说越气：“你到现在才回来，你以为这是旅馆啊？再说了，旅馆还有个‘旅客须知’呢，你倒好，甩手一身轻，把做饭、带孩子的事都推给我了！别忘了，我要的是丈夫！要当主编你就别再进这个家门！”

“主编”先生没生气，走过去抱住妻子，温和地说：“别生气，亲爱的。我拼命工作，还不是为了你和孩子。我知道你很爱我、关心我，也想让我时时跟在你身边，陪你去逛公园、跳舞、看电影，我又何尝不想呢？我实在是太忙了。好了，好了，你的火也发了，该消消气儿了。星期天，我就陪你们娘儿俩去划船、坐碰碰车，请你们吃自助餐，好不好？”

这时，妻子转怒为喜。她故意推开丈夫的手，娇嗔地说：“你呀！真拿你没办法！”

的确，“哄”是夫妻间爱的蜜汁。“哄”还是润滑剂，既能防锈，又能减少摩擦，降低噪音，减少损耗。做丈夫的，学一学“哄”的艺术吧！它会使你的家庭生活更愉快，夫妻关系更融洽。

男人会哄妻，女人就应该会温柔。

许多女人过分地注意自己的装扮和衣饰，反而忘了表现出内心的温柔。学习过怎样赢得丈夫的心艺术的女人，就不必担心在失去迷人的青春和姣好的身材之后，把握不住丈夫的心。

著名作家哈代曾经写过，在新西兰某处的墓地里有一块陈旧的墓碑，上面刻着一个女人的名字和一些文字：“她是多么温柔可爱。”

这位哀伤的丈夫，把这些字刻在他妻子的墓碑上，想必一定拥有数不尽的幸福回忆：当他回家的时候，有妻子微笑的面容在等候着他，热腾腾的饭菜摆在桌上，说一个陈旧的小笑话也会有人附和着大笑，永远充满爱意与舒适的家庭等着他回来。

做个温柔可爱的女人，以及有个成功的丈夫，这两件事是很有关联的。男人的妻子如果能够使他快乐幸福，他就会有更多的机会获得事业的成功。

令人惊讶的是，许多深爱着自己丈夫的女人，却不知道如何使丈夫得到快乐和幸福。女人的内心虽然怀着天底下最深的爱意，却做着一些错事：应该让丈夫出门的时候，仍然紧缠着他不放；应该静静听丈夫说话的时候，却喋喋不休；管理起家庭来像是个军训教官。

虽然要赢得男人的心并不是很困难，但是起码要像准备办一次舞会那样，机灵、动脑筋与肯努力——只是不必像参加舞会的女人那样花费那么多的时间去装扮自己。这不是说，我们不必尽量使外表显得更迷人，而是说我们在注意自己的装扮和衣饰的同时，还要表现出内心的温柔。

想要使一个男人快乐幸福，只需使他感到舒适，以及让他按自己的意愿去做他必须去做的事，这样就可以了。我们都应该了解，只要使他快乐幸福，就等于为他在社会上获取成功做了最大的贡献。在40或50年以后，他会说："她是多么温柔可爱。"

消除陌生感，缩短与她的心理距离

一个聪明的男人，在与陌生女人相处时，必须在缩短距离上下工夫，力求在短时间内彼此多一些了解，从而消除陌生感，在感情上融洽起来。

你有没有过这样的经验，当你在百货公司买衬衫或领带时，女店员总是会说："我替你量一下尺寸吧！"其实，她们这样也是为了缩短与你的心理距离。因为对方要替你量尺寸时，她的身体势必会接近你，有时还接近到只有情侣之间才可能有的极近距离。

当然，这里并不是说要你对一个陌生女人"动手动脚"。你可以通过言语上的一些技巧，消除与她的陌生感，让她觉得你们好像早就认识了，从而对你有一种"自己人"的感觉。

在与陌生女人交往的过程中，要缩短与她们的心理距离，通常有以下几种方法：

1.理解对方，投其所好

在和陌生女人交往之前，尽量对其性格、兴趣和爱好等有一个全面的了解，以便在相处的过程中理解对方。在交谈中，尽快找出对方的兴趣所在，投其所好，把话题集中在对方身上，她自然会视你为知己。

2.寻找共同点，把握交往度

在与陌生女人交往时，要坚持求同存异的原则，在交流中多寻求双方在兴趣和爱好方面的共同点。另一方面，还要避免犯交浅言深的毛病。刚开始与她们交谈时，不可要求彼此有深入的沟通，而要逐步深入，否则她们会觉得你这个人非常浅薄。

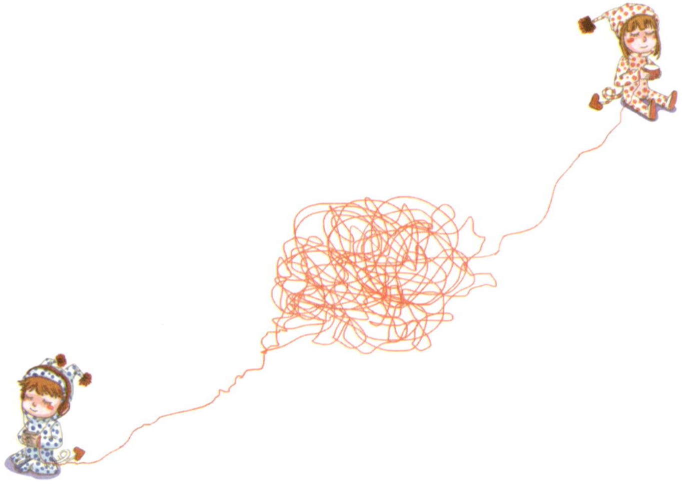

3. 看准时机，适时切入

看准情势，不放过应当说话的机会，适时插入交谈，适时地“自我表现”，能让对方充分了解自己。

交谈是双方面的，光了解对方，不让对方了解自己，难以深谈。对方如能从你切入式的谈话中获取教益，双方会更亲近。适时切入，能把你的知识主动有效地献给对方，实际上符合“互补”的原则，奠定了“情投意合”的基础。

4. 借用媒介，缩短距离

寻找自己与对方之间的媒介物，以此找出共同语言，缩短双方之间的距离。如见一位陌生女人手里拿着一个款式新颖的包，便可问：“这个包真漂亮，是在哪里买的……”总之，对女人的一切显出浓厚的兴趣，通过媒介物引发她们表露自我，交谈便能顺利进行。

5. 谈话留有余地

在与女人说话的时候，不要总是自己一个人侃侃而谈，要多留一些空缺让对方话，使对方感到双方的心是相通的，交谈是和谐的，便可以缩短距离。

6. 多用赞美，让女人开心

对于赞美，女人永远不会嫌多。一般来说，赞美分两种，有直接赞美和间接赞美。直接赞美要诚恳、热情；间接赞美要有分寸，注意赞美一定要自然，恰到好处。一定要分场合，不然你的赞美会适得其反。

7. 保持微笑

在女人面前，千万别忘记保持微笑，这样可以给女人一种和蔼可亲的印象，使她们觉得你和她交往是热情而诚恳的。不可自以为是、心高气傲，应当诚心诚意与对方交谈、交流。

8. 培养幽默感

在女人眼里，幽默感是男人的一大优点。因此，在适当的时候讲一个笑话，不但能缓解紧张的情绪，而且会增添愉快的气氛。

9. 注意谈吐与风度

不可故作惊人，搬弄是非，到处讲别人的隐私。

与女人相处要摆正自己的姿态，调整自己的策略，既不能狂傲放肆，也不能卑微拘谨，这样才能收到彼此共融的效果。

10. 留心倾听

在女人面前，你必须记住这一点：你对她好奇，她也对你好奇，你能增加她的生活情趣，她也能增加你的生活情趣。因此，仔细倾听，积极回应，是你必修的一门课。

11. 多称呼她的名字

女人往往对自己的名字感到格外亲切，当被人以亲切的口吻称呼名字时，会觉得非常温馨，会产生一种特别的效果。而且被称呼的次数越多会越高兴，并且对对方会产生好感。由此可见，亲切地称呼对方的名字，是打开戒备心理之门的有效钥匙。

另外，不同的人，会有不同的需要。要想打动女人的心，就得不失时机地针对其需要，运用能立即奏效的心理战术。通过对方的眼神、姿势等来推测其当时的心思，再有效地运用，便能很快拉近与她的心理距离。

要她爱，你先“坏”

常言道：“男人不坏，女人不爱。”要想成为受女人青睐的男人，你就得先了解什么样的男人才吸引女人。当然这里的“坏”千万别理解成是人格品行方面的不端，而是指喜欢逗乐、捣乱、开玩笑，在生活方面比较有情趣。

为什么男人不坏，女人就不爱呢？难道女人天生犯贱，非要爱上一个坏男人来让自己活受罪？当然不是，好男人是好，但是好男人往往像块木头，不懂浪漫，没有幽默感和生活情趣，更不会说甜言蜜语……女人和这样的男人在一起，生活几乎没有一点激情和乐趣。女人嘴上不说，可是心里早就把这样的男人踢出局了。一个不会迎合女人的男人，怎么能赢得女人的芳心呢？

现代这个社会，“好”男人早就被划到了“笨”男人的行列。所以，一个男人要想吸引女人的目光，就要先学会使“坏”。“坏”男人要坏得够“拽”，坏得体贴和温柔，坏得让女人心花怒放。来看一下电影中的几个片段：

1. 公车站台

“小姐你踩到我脚了。”

“没有吧，我离你那么远。”

“我是说，如果你把脚不小心放在了我脚上，就是踩到我脚了。”

“神经病。”

“哇，小姐好眼力，我确实有神经病史，一般看见漂亮的女孩就发作。”

“你们男人总是那样，故意说些无聊的话引女孩子注意，好像以为自己很帅。”

“小姐你错了，我从不以为我自己帅，而是我本身就很帅。”

“别那么恶心人好吧，我要吐了。”

“在你吐之前我可以问你个问题吗？”

“有屁快放。”

“你为什么要昧着良心否定我的帅？”

“滚……”

2. 公车上

“怎么又是你？”

“有时候我的确无处不在。”

“你知不知道你很烦人，那么多位置不坐，偏要坐我旁边。”

“小姐，你搞清楚，我只是坐了个空位置，而空位置的旁边，刚好有个你，如此而已。”

“前面也有个空位置你怎么不去？”

“噢，明白了，原来你是想看我屁股，或者要我用屁股看你？”

“快滚……”

3. 下了公车

“你为什么又下车？”

“反正不是因为你！我喜欢闲逛。”

“我告你性骚扰，你哪个单位的？”

“你是说斤？还是焦耳？牛顿？”

“我跟你很熟吗？老说这种无厘头的话，对不起，我不感冒！”

“是呀，我们一点都不熟。我们好比一个枝头的两棵青草莓，酸酸的。”

“看了几次大话西游，学了几句唐僧话，以为你很幽默么？”

“幽默是天生的，要怪，你去怪我妈嘛。对了，还有我爸爸……”

“神经病。”

“你看你，明明是……却要硬说成是我妈，莫非你想……”

“给我滚……”

……

“坏”男人看起来一副不正经的样子，像个“花心大萝卜”，但是“坏”男人却坏得执着。“坏男人”眼里没有困难，他们坚毅、勇敢、自信，有点狂妄，但是能屈能伸，能刚能柔。他们有种不达目的誓不罢休的韧性，他们大多光明磊落，还懂得浪漫和风趣，懂得哄女孩子开心。这样的男人是非常有魅力的，同时也是最吸引女人的。虽然她们嘴上常说“你好坏”“你不正经”，其实早已经芳心暗许，把你列入“好”男人的行列了。

电影《秘岸》中，莫文蔚饰演的酒家女就说过这样一句经典的台词：“男人追女人的时候，最简单的方法就是告诉她你的想法。”女孩子听了总是害羞地高兴。酒家女还说，“女人都是装的”，女人嘴上说“讨厌”“不喜欢”，其实，心里却早已有“巢居”了。

要想女人爱上你，你首先要“坏”。既要解风情，又要懂柔情，还要有男子汉的气概和气度，带点野性，散发着永不言败的雄性魅力，这样的男人才能让女人对之“神魂颠倒”。你看金庸笔下《天龙八部》中段正淳为何香艳常伴左右，《鹿鼎记》中韦小宝为何绝色皆成发妻，“坏”使然也！

果断发动猛攻，女人必定向你“屈服”

聪明的男人必须要懂得，恋爱的诀窍在于“猛攻”。只要把握时机，果断地发动强劲的攻势，女人必定招架不住而向你“屈服”。

正如有些人所形容的那样：“恋爱就像跷跷板，男人热时女人冷，男人死心，女人就积极，又仿佛是海边与浪嬉戏的少女。”所以，在男人巨浪般的冲击下，女人爱情力学上的平衡就会被打破，致使女人心里动荡不定。

说得明白些，女人之所以经不住男人的猛攻，与其说是由于爱，还不如说是由于她们喜欢被爱。塞万提斯曾借堂吉诃德的口说过这样的话：“露骨地求爱，在女人看来未必不是件愉快的事。并且，不论这个女人多么冷淡，即使嘴上说着讨厌得要死，也会在心底深处留下对爱她的人的疼惜。”

另外，圣·西尔也说过：“不顾一切向女人发动进攻的男人，只有在他没有付诸实施或半途而废的时候，才会被认为是没有价值的男人。”

听了这些话，也许给男人增添了不少的勇气吧！但是，在这里还是要给你一个忠告：如果仅仅作为手段，一意孤行，也是不妥当的。心理学家海伦·德伊琪说：“女人是天生的被虐待者。”然而，这有一个度。如果你偏信了这种说法，以为女人口头上说讨厌，内心是在高兴，而以虐待狂的方式向女人发动猛攻的话，那势必要栽跟头。因为女人的心理，并不至于达到这种懦弱的地步。

含蓄地表达爱意更能取得对方的认可

胡朋是一个老实人，他爱上了同事小玉，他觉得小玉对自己也有那种意思，只是拿不准。因为这事，他神魂颠倒，茶饭不思。一天，他决心向小玉求爱，管它成不成，至少心里踏实点，免得老是这样探不到底。刚巧，他从办公室出去办事时，在走廊里碰见了小玉。胡朋心里一冲动，说：“小玉，你过来一下，我有话跟你说。”小玉走过来，问：“什么事？”“我爱你！你愿意跟我交朋友吗？”小玉毫无思想准备，大惊失色，啐道：“神经病！”说完，匆匆而去。胡朋受此打击，不要说求爱，连小玉的面都不敢见了。

求爱是一种特殊的爱的信息交流，必须具备起码的前提条件。

如果不讲求爱的方法和技巧，直来直去地贸然向人家求爱，只会遭到拒绝。

马克思曾经说过：“在我看来，真正的爱情表现在恋人对他的偶像采取含蓄、谦恭甚至羞涩的态度。”含而不露的表白方式，是指用不包含“爱”的语言，表达“爱”的情感。这种方式适合于双方早已认识，并且有了较多的了解，而对方又是有一定文化教养且性格内向的人。由于这种方式发出的信息比较模糊，即使对方拒绝，也不至于难堪。

含蓄地表达爱情，可以使话语具有弹性，不至于遭到拒绝就没法挽回。再者，这也符合恋爱时的羞怯心理。

含蓄地表达爱情的方法多种多样，要根据具体人、具体情况来灵活运用。假如你的恋人是一位文化水平不高的人，你就不能

采用写深奥难懂的诗赠给对方的方式。如果这样，非但不能达到表示爱情的目的，还可能会引起不必要的误会。

让她感动，才会甘愿被你握在手中

两个人生活在一起，出现矛盾是很正常的。自己犯下的错，要用心弥补，以自己的爱感动对方；爱人有错误，要学会宽容，只要有一颗宽容的心，所有的矛盾都会迎刃而解。

从前，有一对夫妻非常恩爱，情感十分融洽。一天，丈夫周小牛在外面受了点气跑回家，妻子粉莲上前询问，却被周小牛顶了回来。粉莲从小就没有受过气，这一下无端受了丈夫的辱骂，越想越生气，越生气哭得越伤心。周小牛连忙赔礼，她也不听，一连几天滴水不进，躺在床上生了大病。周小牛请来了许多医生都没有治好，眼看病势越来越重，就远道去请名医傅青主。

傅医生听了小牛说的病情后，就在路旁捡了一块石头，递给周小牛说："这是做药引用的，你回去用文火煮软，煮的时候千万不能离人，烧干了再加水，等石头软了再来找我要药。"

周小牛回家就按医生的吩咐煮石头，水烧干了加水，加了水又开始煮。就这样煮了七七四十九次，石头依旧坚硬。粉莲也看不过去了，问："是不是搞错了？"周小牛说："肯定不会错！"又接着煮了一夜，石头仍然坚硬如故。粉莲过意不去了，坚持要下床照看着火，让他去傅医生那儿问清楚。

傅青主问了煮石头的经过后，哈哈大笑道："你妻子的病已经好了，你放心回去吧！”周小牛回去一看，粉莲的病果然好了。原来妻子看到小牛如此诚心牵挂她，气消了，所以病也好了。

人都是有感情的，两个人在一起不闹矛盾是不可能的。相爱容易相处难，勺子没有不碰锅沿的。“大吵三六九，小吵天天有”当然不是好现象，但从不闹矛盾的情侣也并非都恩爱。在与爱人发生矛盾的时候，如果是自己错了，一定要主动承认错误，做一些让对方高兴的事，千万不要任性，把矛盾激化。古语云：“精诚所至，金石为开。”只要你通过自己的努力，让爱人看到你对她或他的爱，矛盾的乌云就会渐渐散去。

周小牛为了弥补自己的过错四处寻医，可以看出他是爱妻子的，只是无心犯了错。为了给妻子治病，他遵从医生的嘱托，拼命地煮石头。其实傅医生让他煮石头，也是为了感动他的妻子，让她不要再计较。在周小牛的坚持下，妻子被感动，二人也重归于好。夫妻间的矛盾，没有绝对的对与错。只要有人先让一步，矛盾自然也就消除了。

爱的最高境界就是相互宽容。人非圣贤，孰能无过？过而能改，善莫大焉！对于爱人犯下的错误，要保持一颗宽容的心。两个人在一起是为了天长地久，不是为了“只争朝夕”。善待对方，就是善待自己。爱情是需要经营的，聪明的人以宽容为基础，以感动为砖石，以付出为泥土，以美满来封顶。彼此多一份理解，少一份责备，爱情才会绽放出迷人的花朵。

听懂女人的话外音，不做她眼中的“木头”

有些女人非常聪明，有一些不能明说的话，她们会隐含在其他一些话当中。既想让你明白她们心中所想，又不破坏自己的淑女形象。这时候，你如果听不出来，她们可就真的拿你当“木头”了。

比如，你是一个部门领导，有一个女同事走进你的办公室，然后对你说道：“我快要累死了！昨天、前天和大前天晚上，我都加班到十点钟才回家，我真的是累坏了！”你身为领导，听了这样的话，一定要找出隐含的信息。

那个女人想要传达的心思可能是这样的：“我实在需要别人帮忙，我知道公司雇用我做这个工作，是希望我自己一个人做。我担心的是，如果我对你说我需要帮忙，你会认为我没有替你做好工作，所以，我不想直接说出来，我只是告诉你，我现在的工作量太大了。”

另一个隐含的信息可能是这样的：“上一次你评估我工作成效的时候，提起工作态度的问题来，并且还说希望每个人都更加努力工作，现在我只是想让你知道，我正在照着你的指示去做。”

这个隐含的信息也有可能是：“我有点担心，怕保不住工作，遭到公司辞退，所以我希望你知道，我是个多么恪尽职责的职员。”

还有一个隐含的信息是：“我希望你这位上级主管对我说：‘我知道你工作很努力，我非常欣赏你的工作态度。’”

总之，根据不同的背景，你应该能找出“我实在是快累死了”这句话背后隐藏的意思。

如果你觉得自己是个“单纯”的男生，没有女人那么多小心思，但又不能不懂她们所说的话，那么不妨试试下面的方法：

1. 听声

同一句话，用不同的声调表达出来，其含义就不一样，有时甚至完全相反。你可以通过发现女人声调中的异常因素，做出辨析，抓住其中隐含的心思。

比如说“好啊！他行！他真行”这句话，如果说话者说这句话时，语气上扬，听者便能感觉出这是在赞扬某人。但如果说话者刻意压低语调，刻意拖长“行”“真行”，那意思就刚好相反了，那就表示说话者对某人严重不满，而这种不满情绪尽在言语之外。

在很多情况下，同样一个意思，可以用肯定句、否定句、感叹句、假设句、反义句等许许多多的形式表达，可能不同的形式表达了不同的意思，这就需要你结合语境仔细辨析了。

2. 辨义

女人总是从一定的角度来表达自己的思想。辨义主要是抓住她们说话的角度，发现其中的异常因素，从而搞清她们的真正意图。

女人对于不好明说的事情，经常会换个角度含蓄地表达出来，而这个角度的改变其实都没有脱离具体的场合，所以你不要以为对方跑题了。只要你结合场合来分析对方说的话，就很容易悟出对方的意图。

3. 观行

女人有时候碍于面子，难免会说些违心的话，这个时候表现出来的就是言行不一。你只要注意观察她的具体行为，就能意会其内心的真实想法。

有些女人心里不愉快，或生你气的时候，不会直接表达内心的不满，她们会绷着一张脸，语气生硬地对你说："没什么！"或是用不耐烦的语气表示："算了！算了！不跟你计较！"一边说还一边乒乒乓乓地摔东西。即使是小孩，也看得出她们在生气！

其实，了解女人心思的方法有很多，最关键的就是要善于结合语境。只要你用心去听，留神当时的场合，就不难听出她们隐晦的话语。

"女追男又何妨"，该出手时就出手

人的一生很短暂，匆匆数十载转眼即过，能在茫茫人海中遇到一个真心喜欢的人是非常不容易的。如果面对自己喜欢的人却羞于表达，苦苦等待月老搭线，等待对方主动出击，那么你迟早会错过这份本来属于你的"爱情"。

俗话说：男追女隔座山，女追男隔层纱。女人如果主动出击“猎取”爱情，有时会像一层纸一样，一捅即破。虽然如今时代变了，但是还有不少女性囿于传统观念和传统思维，总放不下面子去争取自己的“爱”，或者认为女人一旦反过来追男人，就会让自己的身价大跌。

其实，爱情并不在乎谁主动，男追女天经地义，女追男爱争才会赢。爱情是等待不来的，如果该出手时不出手，你就永远收不到“爱情的呼叫”。

湖南卫视的著名主持人汪涵和妻子杨乐乐在接受采访时，杨乐乐回忆，汪涵追求她的攻势大体分为三招：花言巧语“哄骗”，大小礼物“贿赂”，不分昼夜“接送”。

所以，一旦自己欣赏的人出现在身边，千万不要犹豫，不要让机会白白溜走，要主动出击，以智取胜。

电视剧《我们遥远的青春》里，戴妍就是一个敢爱敢恨、主动追求幸福的人。戴妍是个很漂亮的女孩，一个偶然的机会，她认识了一个叫葛俊的民乐系学生，并在学校的一次会演中对他产生了好感。于是，她便开始了自己的追求爱情之旅。

她开始关注葛俊，关注葛俊的演出。只要有葛俊出场，她一定会每场必看，而且在他们演出结束后，一直跟在乐队的后面，几乎是“穷追不舍”。她的主动几乎逼得对方连拒绝的余地都没有。

人人都看得出她对葛俊的好感，一个女孩满校园地追着一个男孩撵，这是何等疯狂的举动？可她不在乎，认定了自己的爱就要去追求，不管别人怎么看、怎么嘲笑。

为了能天天见到葛俊，并不懂音乐的戴妍硬要加入葛俊的乐队。尽管屡次遭到葛俊的拒绝，她依然不泄气。有一天晚上，她把葛俊堵住，说："听着，我给你两个选择，一是让我加入你们的乐队，二是要我做你的女朋友，我给你两天的时间选择。"

这哪里是选择？分明就是强迫葛俊答应她所提出的要求中的一个。

显然，戴妍的主动让葛俊完全没有回旋的余地。让一个不懂音乐的女孩加入乐队，对乐队的负面影响可想而知。无奈之下，葛俊选择了做戴妍的男友。

就这样，戴妍靠锲而不舍的主动终于把爱情抓在了手里，最后她又以真性情赢得了葛俊的真爱。

女人追男人一定要用点小手段。因为，只有正确的方式才能达到目的，否则结果常常会适得其反。比如，女人尽量表现出自己温柔、善解人意的一面，要出得厅堂，进得厨房，能烧一手好菜，有道是“想抓住你的男人，先抓住他的胃”，女人要有女人味儿才能激发男性的荷尔蒙。同时，女人也要适当地迎合男人，比如他们的面子、自尊心，尤其是跟人在外面打交道的时候，女人要学会给你的男人争面子，让他知道你对他的关心，知道你对他的重要。女人一定不要在男人面前表现得过于精明强干，“女强人”的角色只能让男人望而生畏。女人要会撒娇，撒娇才是女人的“杀手锏”，女人一撒娇，男人就投降……

不要听别人说几句“强扭的瓜不甜”就放弃了，感情是可以慢慢培养的，但机会不是每次都有的，所以女人在爱情上，千万不要假装矜持，该出手时就出手才能收获幸福。

第八章

别说谈钱很俗，没钱你哪儿也去不了

人喜欢与喜欢自己的人在一起，钱也一样

法国著名的思想家罗曼·罗兰曾说：“人不能光靠感情生活，人还靠钱生活。”金钱使人成为人，没有钱，你将会失去做人的基本自由。

美国著名作家泰勒·希克斯在其所著的《职业外创收技巧》中指出，金钱可以使我们在12个方面生活得更美好：物质财富，娱乐，教育，旅游，医疗，退休后经济保障，朋友，更强的信心，更充分地享受生活，更自由地表达自我，激发你取得更大成就，提供从事公益事业的机会。

事实上，人类社会发展的历史也已经说明，金钱对任何社会、任何人都是重要的。随着现代社会的不断发展，人对物质生活的要求不断提高，在现实生活中，我们每个人都得承认，金钱不是万能的，但没有钱却是万万不能的。

再没有比腰包鼓鼓更能使人放心的了。金钱的确能增强人的

自信心。成功学大师拿破仑·希尔曾说：“口袋里有钱，银行里有存款，会使你更轻松自在，你不必为别人怎么看你而过多忧虑。如果有人不喜欢你，没关系，你可以找到新的朋友。你不必为几百块钱的开销而操心，你可以潇洒地逛商品市场，自由地出入大酒店。”

通常在年轻人的聚会上，一旦有人说爱钱，其他人会鄙视其为俗人，甚至还不忘记加上一句：“钱这东西生不带来，死不带去，你要那么多钱干吗？真俗！”可是，几年过去了，这些所谓的“雅人”们依然和父母住在一起，为每个月的生活费发愁，为孩子上学的学费发愁。而那些“俗人”们却已经开上了自己的车，住上了自己买的房。看到这些，那些自诩为“雅人”的人还会说人家

俗吗？

金钱是我们生存的保障，同时也代表着我们的自信和尊严，那么我们可以大胆地撕下一切伪装，毫不掩饰自己对它的热望。及早认识这一点，可以最大限度地调动一个人的聪明才智。

美国钢铁大王卡内基曾经说过：“贫穷是无能的表现。”此话也许显得有些绝对，但现实生活就是随着年龄的增长，结婚置业、赡养父母和抚养后代的责任会随之而来，钱在生活中越来越不可或缺。对于二十几岁的年轻人来说，要想致富，第一步就是先改变思想，尤其是思想中对金钱的负面联想必须先消除，要建立对金钱的正面联想，像有钱人一样思考，才会有和他们一样的结果。

人喜欢与接受他的人在一起，钱也是一样，你不断地想它不好、排斥它，它就不会来找你。而如果你热爱钱，也非常珍惜钱，就能保留自己已获取的财富，通过正确的理财方式，自然会成功地致富。

“月光族”看似潇洒，其实并不潇洒

随着生活水平的改善，琳琅满目的商品和光怪陆离的各种消费场所诱惑着都市中一颗颗年轻的心，从而催生了很多都市“月光族”。什么是月光族呢？月光族指将每月赚的钱都用光、花光的人，所谓用光、吃光，身体健康。同时，也用来形容赚钱不多，每月收入仅可以维持每月基本开销的一类人。“月光族”是相对于努力攒点钱的储蓄族而言的。月光族的口号是挣多少花多少。

“月光族”一般都是二十几岁的年轻人，他们与父辈勤俭节约的消费观念不同，喜欢追逐新潮，追求名牌服饰，只要吃得开心，穿得漂亮。想买就买，根本不在乎钱财。

小赵大学毕业两年，月收入4000元，吃饭、谈恋爱、租房子七七八八算下来，月月库存为零。经济学专业毕业的小赵空有一肚子理论，但无奈巧妇难为无米之炊，没财可理！小赵说。两年下来，虽然日日朝九晚五、辛苦打拼，但小赵仍然是个身无分文的月光族。

小赵的同学小王工作第一年，月收入3000元，每月按时在银行存上500元，一年下来，小王存款6000元。“6000元有什么用？”小赵很不以为然。然而到了第二年，当小赵还在抱怨身无分文时，小王的存款已经过万。由于手中握着上万元资金，小王感到“钱生钱”有了可能，开始留意着怎样让自己的资产增值。

像小赵这样的年轻人随意花钱的做法，看似“潇洒”实则既不利于个人事业的发展，也不利于今后家庭生活的美满。因此，养成良好的花钱习惯是十分必要的。在这里提几点建议，以供参考。

1.计划经济

对每月的薪水应该好好计划，哪些地方需要支出，哪些地方需要节省，每月做到把工资的三分之一或四分之一固定纳入个人储蓄计划，最好办理零存整取。储额虽占工资的小部分，但从长远来计算，一年下来就有不小的一笔资金。储金不但可以用来添置一些大件物品如电脑等，也可作为个人“充电”学习及旅游等支出。另外，每月可给自己做一份“个人财务明细表”，对于大额支出，超支的部分看看是否合理，如不合理，在下月的支出中可作调整。

2. 自我克制

年轻人大都喜欢逛街购物，往往一逛街便很难控制住自己的消费欲望。因此在逛街前要先想好这次主要购买什么和大概的花费，现金不要多带，也不要随意用卡消费。做到心中有数，不要盲目购物，买些不实用或暂时用不上的东西，造成闲置。

3. 投资基金

“月光族”们现在还年轻，可是终究要面临养老的问题，所以应该未雨绸缪，为养老做准备。将每月的结余用来投资基金是最好的选择。一方面，基金滚雪球式的复利增长能给其带来丰厚的回报，让其摆脱“负利率”时代通货膨胀对资金的蚕食；另一方面，投资基金比买卖股票等风险投资要稳妥，因为基金采取的投资组合方式可以规避股票市场的风险，使其养老金不会因为股价的大幅下跌而打水漂。此外，基金由专家操作，投资者可以不用花费太多的精力。

4. 强制储蓄

根据惯例，“月光族”每月至少应该将收入的三分之一用来储蓄。虽然储蓄的收益低，但必须有一笔机动款项来应付个人的日常开支。这笔钱可以分成两份：一部分存成半年期定期储蓄，一部分存成活期储蓄。这样，既不影响日常开销，又会最大限度地增加利息收益。假定某人年收入为 9 万元，如果从中拿出三分之一储蓄，一年就能储蓄 3 万元，加上利息收入，可以达到 3 万余元，如果连续坚持五年，就可以攒足 15 万元以上的资金。

5. 坚持记账

很多人认为“钱是挣出来的，不是攒出来的”，这似乎是很有道理的话，但只说对了一半。“不积细流无以成江海”。广开财源自然是好事，但能够节流可以更主动地把握住今天有限的资源。而要想控制住自己的消费，达到节流的目的，记账就是最基本最有效的方法。通过记账的方法，你就能知道自己每个月的钱到底都用到什么地方去了，什么是应该花的，什么是可花可不花的，而不用像以前那样每个月钱花光了也不知道是怎么花的。此外，采用记账的方法可以时刻提醒你已经花了多少了，至少不会入不敷出。也许刚开始你也不会有多少节余，但只要你能够坚持，你会发现钱慢慢地花得少了，节余也自然而然地多了起来。

理财趁年轻，早理财早受益

年轻人一般工作时间不久，刚开始踏上工作岗位，大多数人的收入都比较低。由于青年人活泼好动，难免经常和同学、友人聚会玩乐，或者开始恋爱。因此，花销较大就不可避免了。

也就是说，一个人从踏上工作岗位起，就应当学会理财了。正如理财专家所提示的，年轻人理财一开始并非是以投资获利为重点，而要以积累资金及经验为主导。

其实，理财的过程，也就是我们每个人把那些金融工具以及相关技术串联起来，参与、实践和完成财富积累的过程。

在年轻人当中，不乏这样的一群人，他们学历高，专业热门，毕业后找到了好工作，每个月工资至少万儿八千。所以他们觉得没必要理财，节流不如开源。

其实，这种随性对待自己钱财的态度看似自在潇洒，实际上还是因为没有遇到不可预期的风险。一旦遇到了问题，他们就会发现，目前的这种理财观念是行不通的，它会让你在缺乏有效防御的前提下，将自己暴露在风险之中，遭受挫折或损失。

学会理财，总有一天你会收到意外之喜，或者庆幸自己当初的明智之举。刚刚有收入的年轻人，一定要培养自己的理财意识，收入高的多做一些安全的投资，收入不理想，就少做一点儿，但不能不做。

人生中，永远存在着各种风险。而长期理财的好处，就是未雨绸缪，积极地防御，就是制订合理健康的财务规划，把风险控制到可以接受的程度。

即使在目前，你的工资已经远远高出同龄人，暂时不必担心生计问题。但是要知道，随着时间的推移，你可能会面临买房、结婚的事情甚至以后养育子女的问题，面对这一大笔即将到来的支出，如果不及早作打算，到用钱时怎么办？其实，所有这一切不可预期的意外，只要你在平时有足够的风险意识，未雨绸缪，遇到问题时可能就会是另一种结果。

邢欣刚毕业就进入一家大型广告公司，拿的薪水和福利待遇是让同龄人都羡慕不已的。邢欣花钱大手大脚，从来没有理财的概念，所有存下来的钱，一概扔在工资卡里就不闻不问了。邢欣眼看着工资卡上的钱越来越多，就觉得这样处理钱就已经很安全了。至于那些股票、基金之类的东西，在邢欣看来都是不实用的，说不定还会有什么风险把原有的积蓄给搭进去，哪有老老实实放在银行里安全。

时间很快就过去了，几年后，许多投资理财的同事们在新一轮的牛市中，理财收益都在10%以上，加上他们原有的存款，可以让他们轻轻松松地交付房子的首付款。所以很多人都纷纷开始计划着购房置业，而邢欣的存款却只能保证他在几年之内衣食无忧而已，直到这时邢欣才发现，自己和其他人相比，已然输在了起点上。

理财的最佳方式并不只是追求高超的金融投资技巧，更重要的是要掌握正确的理财观念，尽早开始，并且持之以恒。

我们一直在强调一个观点，就是理财一定要尽早开始。许多年轻人有可能会觉得现在由于刚刚步入社会，用钱的地方很多，存钱理财有难度，还不如等将来工作比较稳定时再开始。这种想法是不正确的。

小王和小李两个人都是每月存1500元，只是小王比小李早存了一年。那么在20年后，如果以5%的投资回报计算，小王可以拿到大概616550元；而小李因为晚做了一年，只可以拿到569020元。他们回报的差额是多少呢？47530元。这已经远远高于两个人相差一年的投资额18000元，这就是复利的魔力，每次投资的收益都可以作为下次投资的本金，年限越长，收益率越高，复利的效果就越明显，两者的差异会更大。

早些行动是最佳之计，再说年轻时的储蓄能力其实并不会低于年长时，毕竟没有太多的负担，主要是看自己如何规划。要知道，拖延时间就是拖延累积财富。

别拿钱不够花当不理财的理由

许多年轻人在谈到理财的问题时，经常会说："我没财可理。"尤其是刚毕业参加工作不久的年轻人更是如此。他们经常会说："等我有了钱以后再去考虑投资的事吧，我现在可没有那么多闲钱。""等我有了10万元再去投资也不迟，现在多多赚钱才是最重要的。"

对于这样的见解，理财专家们相当不以为然。他们的理由是虽然青年人投资理财的资金不足，但是却有充裕的时间和学习的能力，股市有一句话叫"以时间换空间"，越早进入投资领域，个人资产增值的空间也就越大。所以千万别拿钱不够花当不理财的理由。

目前收入还不算太丰厚的年轻白领，偏偏又是有最多的物质需求的一群。买房子、买汽车、买时装，以及每年的出外旅游度假对他们都有极大的吸引力。这样算下来原本还不算少的收入就显得太不够用了。就像我们常说的那样，他们“挣得多，花得更多”。

这些年轻人对自己的经济状况总是怀着这样的错误认识，“等我升职做了 ××，我就会有钱了”、“等我月收入到了 ×× 元，我就有钱了”。但是，实际情况却是，随着工资的增加，他们的消费水平也在不断地攀升，储蓄没增加多少，各种负担却增加了。

22岁的小王本科毕业，工作刚满半年，月收入是2400元；25岁的小刘专科毕业，工作三年，月收入1500元。按常理小王每月收入比小刘多，他应该比小刘“更具备理财的条件”。事实真是这样的吗？他们两个人均是每月月初单位开支，结果半年后，小刘存下了3300元，小王只存下了不到600元。

小王在衣食住行上的开销都要高出小刘，除去这些基本消费，在旅行、健身、购置自己喜爱的电子产品方面还有一大笔支出，粗略算下来，基本消费加上娱乐消费，小王的2400元月收入所剩无几。而小刘虽月收入不高，但一切从简，基本消费只有800元，又没有抽烟、喝酒等其他嗜好，喜欢看书，每月花100元左右买书。这样算下来，小刘每月的开销大概在900元，半年能节余3600元，除去一些别的开销，小刘半年下来存了3300元，之后他又把其中的3000元转成了一年期定期存款。

其实比小王收入低得多的大有人在，一样能理财。千万不要告诉自己“我没财可理”，要告诉自己“我要从现在开始理财”。只要你有收入就应尝试理财，这样才能给自己的财富大厦添砖加瓦。

李涵大学毕业一年多了，在一家汽车零部件公司上班，月薪3500元，不算多也不算少。自从他工作后，虽然没有再向家里要过钱，但是也从没给家里寄过钱。银行卡里常常是一分不剩，典型的月光族。一年下来，他连买个新手机的钱也拿不出来。后来，他去工厂时了解到，厂里不少工人每个月1000多元的工资，每年都能存下几千块钱，多的还有上万元的。

李涵自叹工资不高："就这么点钱，又不是有钱人，需要理什么财啊。每个月底都用光了，哪里有钱再去投资什么呢。"那么，是不是没钱就不要理财了呢？错！有钱人要理财，没钱的人更要理财。

刚毕业的年轻人，大多数人的工资的确都不算太高，能够不依靠父母，自食其力就已经相当不错了，要是再从本来就捉襟见肘的那点可怜的工资中拿出一部分来用作理财的话，听上去确实有些勉为其难。

但是，理财在很大程度上和整理房间有异曲同工之处，一间大屋子，自然需要收拾整理，而如果屋子的空间狭小，则更需要收拾整齐了，才能有足够的空间容纳物件。我们的人均空间越是小，房间就越需要整理和安排，否则会凌乱不堪。同样，我们也可以把这个观念运用到个人理财方面，当我们可支配的钱财越少时，就越需要我们把有限的钱财运用好。

不要说，理财是有钱人的事；也不要说，理财是高学历、商人的事；更不要说，理财是中老年人的事。其实，理财面前人人平等。

年轻人由于经济和阅历等方面的原因，大可不必像中年人那样，一定要靠理财达到一个很高的财务预期。但是，作为来日方长的年轻一代，最起码的理财意识是一定要有的。尤其是刚步入社会的时候，培养正确而有效的理财意识会让自己终身受益。

别让自己掉进信用卡透支的陷阱里

作为追求享受的年轻一代，在消费中难免有捉襟见肘的时候，提前支取定期存款会造成利息损失，开口向朋友借又不好意思，这个时候如果有一张可以透支的信用卡，便可以解燃眉之急。

但是不是信用卡透支额越高越好呢？答案是否定的，高透支额不利于风险控制。信用卡透支的额度越高，持卡人面临的风险往往就越大，所以，在申请透支额度时，应根据自己的情况申请，够用即可，切莫盲目求多。

大一的时候，王琳拥有了自己的第一张信用卡。那是一张可以透支 200 块钱的信用卡，因为透支额度不大，所以她从没用过这张卡透支。到大二的时候，王琳在学校里看到了另一家银行设立的办卡点，正在以免费赠送礼物的形式推销信用卡。看到礼物很精美，王琳又办了一张卡。因为这张卡能透支 1000 元，喜欢逛街的王琳就开始刷卡购买一些小东西。那时候她还没有后来那么“大手大脚”，只是购买些化妆品、服装。最困难的时候，也就是每月还银行 100 来块钱。真正成为“卡奴”是在大三下学期。

那一年，王琳打算买台电脑，正好看到一家银行的宣传资料，称办卡可以分期付款购买电脑，她就又办了一张。“当时我觉得一个月还的钱不多，就办了一张卡，接着就去辽宁路买了一台电脑。”王琳说。这台电脑让她每个月背上 228 块钱的“卡债”，分 24 个月还清。除了分期购买电脑，刷顺了手的王琳已经习惯了透支购买其他用品，现在，王琳平均每月要还将近400块钱的债，成了众多“卡奴”中的一员。

时下，各家银行均在大力推广信用卡业务，并且竞相推出各种优惠举措。很多年轻的上班族认为信用卡和无息贷款一样，于是争相办理，甚至还以多开收入证明的方式来增大自己的信用透支额度，认为透支额度越高，使用才越方便，才越显示其身份。其实，这些观点都是很危险的，信用卡的透支额度并非越高越好，有专家指出，使用信用卡应注意以下几个问题。

1. 不要通过信用卡透支进行风险投资

很多年轻的持卡族，用信用卡透支或通过消费方式套取现金，然后进行炒股、买股票基金等风险性投资。这些投资往往风险较大，投资界有句老话叫“不要借钱炒股”。因为用自己的钱炒股，最多把本钱输掉，而透支“借来”的钱不但可能赚不到钱，还有可能背上一身债务，风险实在太大了。

2. 信用卡不是借贷专用工具

信用卡只是作为一种临时消费的借贷资金，为持卡人提供透支功能，以解决持卡人的燃眉之急，并非鼓励持卡人把信用卡当成贷款。持卡人如果需要信贷资金，可以直接向银行申请信用贷款或抵押贷款，这样可以享受国家的标准利率。

3. 不要用信用卡存钱

有些年轻人觉得每月还款麻烦，或怕到期忘记，索性提前打入一笔大款项，让银行慢慢扣款。这是一个认识上误区。除非即将发生的消费大于透支限额，否则最好不要在信用卡里存放资金。按照银行的规定，信用卡账户内的存款是没有任何利息的。信用卡提取存款时需要支付提现手续费，境内提现手续费为取现金额的1% ~ 3%不等，最低2元，最高50元。因此，持信用卡取款时，应坚持“用多少取多少”的原则，如果持卡人透支取现，不仅要支付提现手续费，而且还需要每天5‱的透支利息。

4. 不要办理多张信用卡

很多年轻人办一大堆信用卡，享受提前消费的快感，却不知道“一人多卡”可能带来的风险。首先，银行对透支的利息定得很高，并且是按日计算，用卡人一旦透支过多，无力偿还，就将面临“利滚利”的窘境。其次，信用记录是带“污点”的。每张信用卡的还款期不同，如何牢记信用卡还款日及时还款，成为许多持卡人头疼的一件事。拖欠信用卡透支款会给自己留下不良的信用记录，给今后的生活带来不利影响。再者，每张信用卡必须使用到一定次数才可免交年费，持卡人手中的卡越多，就越难管理，其中一些卡可能从来都用不着，成为“睡眠卡”。

不要花明天的钱做今天的事

年轻人的消费观念越来越超前，胆子也越来越大。一项对都市青年的调查显示，有57%的人表示“敢花明天的钱”。这些乐于负债消费的“负翁”们都有着共同的特点：年轻、学历高、收入稳定，并且对未来有着较高的预期。

步入“负翁”一族的年轻人，尽管提前享受到了拥有丰富物质的幸福生活，但同时贷款压身的巨大压力也接踵而至。一些人甚至表示，为了不出现债务危机，他们所有的精力都必须放在赚钱上，个人的自由、劳动、时间都受到了束缚，成为负债消费的奴隶。

每个月领薪水的日子是上班族们最期盼的日子了。这些年轻的白领们盼星星盼月亮，终于有钱用了，自然是非常高兴。

他们经常是发完工资没几天就又盼着发下个月的工资了，因为薪水发了没几天就用光了，严重的甚至入不敷出，有的甚至还要大借外债。今天的钱不知道怎么就花没了，居然要花明天的钱来填补这个巨大的无底洞。

月初领薪水时，钱就像过节似的大肆挥霍，月末时再苦叽叽地一边缩衣节食，一边盼望下个月的领薪日快点到，这是许多上班族的写照。

面对这个消费的社会，物欲横流，要想拒绝外物的诱惑当然不是那么容易，但年轻人一定要对自己辛苦赚来的每一分钱负责。要具有完全的掌控权，要先从改变这些理财的不良习惯下手。以下是几点建议：

1.制定出适合自己的预算

首先，把你这一年里固定的开销列出来——房租、食物预算、利息、水电费、保险金。然后计划你其他的必要开销——衣服、医药费、教育费、交通费、交际费，等等。拟订计划需要决心、家庭合作，有时候还需要严谨的自制力。我们必须决定什么东西对我们最重要，而牺牲掉最不重要的东西。为了拥有一个舒适的家，你可能得放弃买昂贵的衣服，但为了一套你必须拥有的衣服，你可能就得牺牲你的空调了。每个人的情况都不相同，所以这必须由你和你的家人来作决定。

2. 学会积累

工资一发下来，首先不要想怎样花掉它，而要想办法储蓄。每个人都知道，小钱可以攒成大钱。但要实行，就有困难了，这需要持久的毅力和不变的决心。如果你把每年收入的10%储蓄起来，虽然物价高昂，或在经济不景气的年头，不到几年你就可以获得经济上的舒适。请注意，即使当你非常需要钱用的时候，也尽量不要动用储蓄的钱，这对于你长期维持储蓄的计划十分重要。

3. 留一笔紧急备用的资金

每个人、每个家庭都会遇到紧急的事情，这些事情又往往需要一大笔钱。大部分的预算专家都劝告每一个家庭，至少要存下1 ~ 3个月的收入，用于紧急事件。不要试着存太多的钱，不然你将难以保持，结果是根本就存不了钱。不如固定存上一点儿，效果会更好。

如果你从没有做过预算，就应该马上开始学习如何处理家庭财务的预算问题。金钱并非万能，这句话可真不错。但是，如果知道如何聪明地处理你的金钱，就可以给你的事业和家庭带来更多的安宁、幸福与利益。

年轻人经常是固定的收入不多，但花起钱来每个人都有“大腕”气势：身穿名牌服饰，皮夹里现金不能少，信用卡也有厚厚一叠，随便一张都可以刷，获得的虚荣心的满足胜于消费时的快乐。

要改变“今天花明天的钱”的不良习惯，首先要有理财的意识。要了解理财，明白理财的重要性，要认识到自己之所以寅吃卯粮，是因为没有树立起理财的观念，没有适时消费、为以后的生活做准备的意识，一切都是走到哪儿看到哪儿，有一天的钱花一天的钱，甚至是今天花明天的钱，这种混乱的生活方式和态度决定了你的财务状况一团糟。

理财最打动年轻人的地方，是它可以让人合理、长远地规划自己的人生，将财富与理想结合起来，让自己的人生更加稳定和健康。树立理财意识，财神就降临在日常生活中，因为理财是规划你的财务甚至你整个生活的一种观念、一种技巧、一门学问，甚至还是一门艺术。有了理财的观念，养成理财的好习惯，就不用在钱的问题上焦头烂额，甚至可以试试当债主的感觉。

坚决不做“啃老族”

“啃老族”已经不是一个新名词了，博得了整个社会的关注，也已经引起过很多网友的讨论和探索。“啃老族”也叫“吃老族”

或“傍老族”。他们并非找不到工作，而是主动放弃了就业的机会，赋闲在家，不仅衣食住行全靠父母，而且花销往往不菲。“啃老族”年龄都在 23 ~ 30 岁之间，并有谋生能力，却仍未“断奶”，得靠父母供养。社会学家称之为“新失业群体”。

曾有一谜语形象生动地刻画出这帮“啃老族”的生活状态，说的是“一直无业，二老啃光，三餐饱食，四肢无力，五官端正，六亲不认，七分任性，八方逍遥，九（久）坐不动，十分无用”，而谜底就是“啃老族”。

据有关专家统计，在城市里，有 30% 的年轻人靠啃老过活，65% 的家庭存在啃老问题。“啃老族”很可能成为影响未来家庭生活的“第一杀手”。

小周是 2005 年毕业的，他毕业的时候，当过一段时间“啃老族”。因为他不是找不到工作，而是不愿意工作，嫌工作压力大，就辞职了。在家里当起了“啃老族”，啃他老爸和老妈的那点工资。其实，小周的家境并不好，但是，小周觉得自己还没长大，不愿意一毕业就离开那个给他无私支援的家。

虽然小周的爸爸妈妈认为，这是周瑜打黄盖，一个愿打，一个愿挨。但是刚开始闲着在家那段时间，小周的心理压力很大。因为外人看来，毕业了有工作不工作，还去啃老爸老妈的那点工资，实在是不像话。小周也试图出去找工作，但他要求月薪必须在 4000 元以上，低于这个工资他都不愿意干。但是他找了一段时间后，却发现用人单位开出的工资都没有他期望的高，于是，

他干脆放弃了找工作，心安理得地当起了“啃老族”。

当了4年的“啃老族”，小周的爸爸妈妈也觉得经济压力太大，就劝小周去找工作。小周却似乎已经习惯了啃老的日子，常常以金融危机影响，工作不好找为借口，继续心安理得地依靠父母生活。

养儿防老，是我国的传统家庭观念。从某种程度上来说，父母对孩子的养育是一种投资，到达一定阶段后就可以收到回报。但随着就业压力的增大，以及独生子女逐渐成年，“啃老族”的队伍在扩大。“啃老族”们是否意识到，给父母造成了极大经济压力的同时，长期的失业，将离社会就业群体越来越远。只怕等到父母有心无力，“啃老族”不得不面对现实之时，悔之已晚。

刘洋大学毕业后，接连找了几份工作，都是没有干多长时间就辞职不干了。他不是嫌工作太累，就是嫌上班的地方离家太远，并且因为他脾气比较暴躁，在单位里人际关系也不好。后来，他索性再也不找工作了，整天除了待在家里上网、睡觉，就是与朋友一起抽烟、喝酒、泡吧，每月开销2000多元，还嫌不够花。家里人劝他出去找工作，可他有自己的理由："那些工作要么是体力活，要么就经常加班，很累，而且工资又不高，有什么好干的。"

刘洋的爸爸也拿他没办法，催得急了，刘洋还振振有词："这样的情况又不止我一个。工作我迟早会找的，你们又不是没钱，干吗老催着我去工作啊？"总之，他对爸爸妈妈劝他找工作是相当的反感。

"啃老族"的前景是不容乐观的。且不说家庭条件不好的，即使所啃的父母条件很好，工资很高，短时期内不在乎多养他们几年，但是父母供他们上学，他们是应该回报父母的。而不应该每日无所事事地坐吃山空。而且有的开始是一个人啃老，后来恋爱结婚了，变成了两个人啃老，等有了孩子就一家三口啃老。这样一来老人怎么能受得了呢？

所以，作为"啃老族"的年轻人，应该认清自己的状态，多为父母着想，为自己未来的生活好好打算一下，务实地找到自己的位置，真正实现自身的价值。逐步脱离"啃老族"，开始崭新的生活。

扔掉父母呵护的“拐杖”

在我们呱呱坠地的时候，我们的手中已经握住了一根无形的“拐杖”，那就是父母对我们永久的关爱和牵挂。当我们在这份爱的呵护下，一点一点长大，并成家立业之时，我们也应该把这一根爱的拐杖还给父母。让我们的父母也能够在爱的搀扶下，过上温暖、甜美的晚年生活。

父母的年纪大了，他们不仅身体上需要有人来搀扶，内心也更需要有个依靠。当我们发现他们已不如从前那样灵便时，我们应该及时伸出自己坚实的臂膀给他们一份真实的依靠，而不是继续依靠年迈的他们。

如今，很多年轻人是独生子女，是在父母的溺爱下成长的。他们从小长到大只知道把书读好，其他一切都由父母代劳。很多人上了大学依然丢不掉父母呵护的“拐杖”，少了这根“拐杖”就步履艰难。报上登过这样一个故事，一位大学生想吃妈妈包的馄饨，为了满足爱子的愿望，妈妈不辞辛苦千里奔波，乘飞机将亲手包的馄饨送到校园。这看似天方夜谭却是真实的故事。如果一个大学生连最起码的生活起居的自我管理能力都不具备，更不要指望他有所成就。

扔掉父母呵护的“拐杖”，尽快使自己从“摇篮”中的“婴儿”锻炼成自立自强的社会人，这是年轻人必须完成的角色转换。实现这种转变，需要年轻人艰难磨砺，也需要天下父母淡化“保姆意识”。

有一位从未经受任何磨难的年轻人，从生下来就有花不完的钱，娇生惯养，未曾吃过半点儿苦。高中毕业后，父母花费大笔钱财才把他送进了一所毫无知名度的大学。大学毕业后，父母又把剩下的几乎所有积蓄送给了一位在当地位高权重的“大人物”，希望他能给儿子谋到一份轻松而有发展前途的工作。可就在这位年轻人待在家里等待“分配”的日子里，却接连发生了两件令他感到“天塌地陷”的事情，先是他的父母突然在一场车祸中双双遇难，接着那位位高权重的“大人物”被立案审查。

突然间被“撤走”了“拐杖”的年轻人，竟无望地在父母留给他的高级别墅里服下大量安眠药，自杀身亡。

一堵1.5米的墙，垒上台阶、放上梯子，任何人都能攀爬上去，而跳高运动员却用不着借助任何外力，就能轻松地逾越过去，这正是他们严寒酷暑反复锻炼、一次次试跳的结果。

其实，这个年轻人完全可以靠自己的双手和大脑顽强地生活下去，因为他毕竟念过高中、上过大学。别人能逾越的“自然高度”，他通过自己的努力也应该能够逾越。

人生对每个人都是一场综合的考验，不会对谁网开一面。在课堂上掌握的理论的多寡，并不能代表实际能力的强弱。真正能把人从饥饿、贫困和痛苦中拯救出来的，是自己的实际生存能力。

轻松的环境看起来是个养人的好地方，但充其量只是一个“大鱼缸”而已，没有活水源，也没有自己的发展空间，表面的平静之下，其实隐藏着巨大的危机。人很容易受到环境的影响。人的天性中本来就有喜爱安逸、享受舒适的惰性。许多少年时满怀壮志、朝气蓬勃的人，最后之所以一事无成，大部分都是因为在安逸的生活、工作环境中待久了，渐渐地失去了斗志，缺少走出去为事业拼搏的勇气。再加上舒适的环境缺少激烈的竞争，人的思维能力和机变能力也渐渐地迟钝，失去敏锐性，最终，只能成为环境的奴隶，庸庸碌碌地走过一生。

年轻人与其做一个受保护的“襁褓”青年，不如自己主动走出家门，锻造自己的生存能力，毕竟靠父母靠不了一辈子。

经济独立了，你才能挺起腰杆做人

美国前总统富兰克林曾经说过：“两个口袋空的人，腰板站不直。”年轻人一定要保证经济上的独立。所谓经济独立，就是指在经济上能够依靠自己的劳动维持自身生活，也就是不依赖他人钱财的独立。一个原因是：你已经是成年人了，不可以再依赖父母或者别人了。另一个原因也是最重要的原因：只要经济独立了，你才可以保证人格上的独立，挺起腰杆，受到别人的尊重。

当代著名学者李敖曾经说过这么一句话：“有钱才能人格独立。”

刚刚涉世的年轻人，不缺乏勇气、不怕孤立，可以义无反顾、勇往直前，但这些得有支撑的力量。而这些支撑的力量中最重要的就是经济基础。

李敖说，他能挺直腰杆，跟他薄有财富，可以不求人、不看老板脸色有绝对关系。像法国著名的文学家伏尔泰一样，他是有钱支撑的文人，早就脱离了“一钱难倒英雄汉”的窘境。他认为，金钱是一种力量，是竞争的力量，可以保护我们的自由。“你没有金钱时，就没有支撑点。”李敖说，“我很务实地告诉你，得自己腰包里揣一点儿钱，才能够谈一切，否则的话，一切都落空。”

李敖说，年轻人需要很努力才能够出人头地，因为竞争相当激烈。他认为，年轻人首先要有钱、要自立，才能够人格独立。

李敖去北京看望小学老师时，他送的红包是1000美元；在北京大学演讲时，他捐款150万元新台币（约合35万元人民币）建胡适铜像；大陆行前，他则捐助高金素梅100万新台币到联合国控诉日本侵略之罪行。

正是因为有了经济上的独立，他才可以为公共事业贡献力量，继而赢得别人的尊重。经济不能独立的年轻人，就好像一个饿得太久的人一样，眼睛里只有食物，除了钱什么也顾不上。经济困难会把一个人的体力、人格、气魄、志向、精神、尊严等消磨得一干二净。

一个已经成年，却还要靠父母养活的人，当然没有办法对父母表现自己的意愿。如果你继续接受父母的经济援助和情感依赖，虽然他们心甘情愿，但这不再是父母有义务给你的了。而对于子女来说，回报父母，这时候便变成了一种义务。不仅如此，在经济不独立的情况下，父母会觉得理应拥有对你生活的掌控权，你应该照他们说的做。

毕业一年多的小王，一直没找到满意的工作，之前有一份工作，但由于工作地点太远，被他辞掉了，因此现在只能在家待着。和以前的同学打电话，他经常这样抱怨。

“后悔啊，后悔！为什么当初要把好不容易找到的工作给辞掉呢，虽然地方有点远，但是能赚一点儿是一点儿，总比天天在家里，连自由都没有强吧！”

他对别人讲自己的经历，总带着太多的无奈，由于不想夏天整整两个月都待在家里，想出去旅游。于是他和妈妈商量，可不可以出去走走。结果得到的回复是：“夏天就适合在家里待着，出去干什么？”小王的妈妈是个喜欢待在家里，哪儿都

不出去的人。可是小王不喜欢，于是他说："那是你，我不想在家里憋着。""好啊，那你自己出去吧，没人不同意。""可我没钱。""这是你自己的事情。"结果很明显，不欢而散，而小王只能在家待一个夏天了。

遇到小王这种情况，你想拥有自己独立的空间和自由，怎么办呢？如果经济能够独立，你就可以理直气壮地跟他们说：我要按自己的意愿生活。这样一来，即使他们反对，你也可以依靠自己的能力做自己喜欢的事。

独立人格是从经济独立开始的，虽然经济独立并不一定能够带来人格上的独立，但经济独立是人格独立的基础。早在1923年鲁迅就指出，钱是要紧的。正是因为有大学教授的固定薪水，他才能够随心所欲地写自己想要的东西，才能够挺直腰杆，不屈从于权贵。虽然已过去了几十年，但鲁迅的这个观点依然成立。

年轻人一定要保证经济上的独立，不能依赖父母或者其他人，这样才会赢得别人的尊重，才可以理直气壮地选择自己的生活。在这种自由和尊重下，你会有被认可的感觉。而只有这样，你才有开始考虑自己的事业、人际关系的精力和可能，从而使自己更上一层楼。

别再让父母为自己埋单

年轻的情侣之间，每逢情人节、圣诞节、对方生日，赠送礼物、请客吃饭必不可免。由于虚荣心作怪，有的男孩还会送出一些比较昂贵的礼物，如手机。以至于赤字缠身，每个月领的那点薪水除了吃饭、交房租、送礼物外就所剩无几。有的甚至还要动用父母的钱为自己埋单。

杨军是一名参加工作刚刚一年的年轻人，而他的女友则在昆明读大学。由于是异地恋，杨军和其女友常常得一两周才能见一次面。每次基本上都是女友从学校那边来看杨军，见不着面的时候就上网视频或打电话。刚开始时，杨军的每月手机话费约为 50 元，谈恋爱之后，每月花费激增至 150 元。

另外，每逢女友的生日、情人节等，杨军都会给女友选送价格不菲的礼物。最多的一次竟然花了杨军 2000 元。

杨军每月的工资为 2000 元，但是这远远不够他花，每次都是一到月末就要张嘴向父母要钱。

如今，在爱情、婚姻高成本化的大环境下，一些想“自食其力”的青年只能对爱情、婚姻望而却步。“没钱你就别想谈恋爱”、“没房、没车就别想结婚”已成为“物质化”爱情、婚姻的口号。对物质的过度强调，也让婚恋方向剑走偏锋，“真爱难寻”已成为很多人的哀叹。而要让真爱回归，首先要端正寻找真爱的心态，别让“高调爱情”、“金钱婚姻”冲昏了头脑。

年轻人正处于物质基础的薄弱期，基本属于“纯消费者”，却极其推崇物质化的恋爱方针，这巨大物质成本便会在无形中转嫁给父母。让父母成为恋爱“高成本”的间接承担者，而年轻人自己却肆无忌惮为追求浪漫爱情而大把挥霍，这样不但会给父母造成沉重的经济负担，而且也不利于自己今后生存能力的发展。

谈恋爱是年轻人的权利，但是爱不一定要用金钱表达，建立在金钱基础上的爱是脆弱的、不稳定的，不是真正的爱情。况且如此昂贵的爱情消费，实际上是转嫁到了家人的身上。让辛勤劳作供自己上学的父母再为自己的爱情埋单，这是何等的残忍。作为成年人，应该抛开物质的欲望，真诚相待，不要用金钱来衡量爱情。

感情稳定后，许多人又面临着结婚。而大部分的年轻人结婚时，基本上自己是没什么积蓄的，而那热闹排场的花费以及买房子的钱基本上是靠老父母的血汗钱堆出来的。年轻人在花这笔钱时应该想一想父母赚钱的艰辛，也许你成家后的安定正是父母负债的开始。

在一个关于年轻人买房要不要靠父母出钱的网络调查中，有七成多的投票者认可年轻人买房只能伸手找父母；不到三成人持反对意见，认为年轻人应该自力更生，不能动父母的养老钱。

实际上，在北京、南京、天津、成都四个城市作的另外一项调查佐证了上述说法。"你看到的现在年轻人用父母或家人的钱买房的现象普遍吗？"北京的被访者有 84.85% 回答"普遍"，南京的这一数字是 86.00%，成都是 74.16%，天津是 87.71%。一些被访者说，他们在计算自己的买房首付时，都会算上父母存折里的钱数。

江辉今年 28 岁了，他工作已经有五个年头了，可是存折里的钱却并没有多少。江辉的女朋友下令，没房子就别想结婚，父母为此非常着急。为了帮助江辉买房，他们将省吃俭用多年存的10万元钱拿出来，又从亲戚那里借了3万元交到江辉手里。最终他们东挪西凑地把首付交了。江辉的父母已经退休，退休金又没有多少，可是，为了儿子结婚，他们又开始了负债的生活。

对于年轻人来说，减轻父母的生活、心理负担也是尊老、爱老的一部分，父母也需要人照顾，学会自立、自强，主动承担自己该承担的一切。如果为了规避经济方面的风险，两代人可以形成一种借贷关系，虽然这样显得生分，但却有利于新的风气和观念的形成，让两代人都能生活得更健康、更有活力。